你的努力
终将成就更好的自己

小小◎著

煤炭工业出版社

·北　京·

图书在版编目（CIP）数据

你的努力，终将成就更好的自己/小小著． –– 北京：
煤炭工业出版社，2018（2019.8 重印）

ISBN 978 – 7 – 5020 – 6911 – 7

Ⅰ.①你… Ⅱ.①小… Ⅲ.①成功心理—通俗读物
Ⅳ.①B848.4 – 49

中国版本图书馆 CIP 数据核字（2018）第 227028 号

你的努力　终将成就更好的自己

著　　者	小　小
责任编辑	高红勤
封面设计	程芳庆

出版发行　煤炭工业出版社（北京市朝阳区芍药居 35 号　100029）
电　　话　010 – 84657898（总编室）　010 – 84657880（读者服务部）
网　　址　www. cciph. com. cn
印　　刷　玉田县昊达印刷有限公司
经　　销　全国新华书店

开　　本　880mm×1230mm$^1/_{32}$　**印张**　8　**字数**　156 千字
版　　次　2018 年 10 月第 1 版　2019 年 8 月第 3 次印刷
社内编号　20181001　　　　**定价**　39.80 元

前 言

这是一本关于青春，关于梦想，关于成长的书。

书里讲述了六十多个故事，每一个故事中的主人公都有着大不相同的人生。成长、迷茫、善良、生活、平凡、努力、抑郁、死亡、挣扎、撕裂，这些均是全书的关键词，也是属于主人公的标签。

故事里的人都有一个共性，那就是：他们都很年轻，都很平凡，但他们都同样渴望成功。他们在黑暗中一次次往上爬，又一次次往下掉。面对困难，有人退缩，有人前进，有人成功，有人失败。

你呢？也许你也正值青春，也许你和他们一样渴望成功，也许你也正经历迷茫，也许你也找不到人生方向。

不过这都没有关系，一切都还来得及。

你莫慌，莫急，不如静下心来，给自己一点时间，读一读属于他们的故事。每一个故事或许对你都会有不一样的启发。

人生很长，青春很短，要做的事情很多。你不用太着急，二十多岁，正是人生最美好的年纪，一切都来得及。

别人 20 岁的一鸣惊人也好，50 岁的大器晚成也好，都跟你没有太大关系，因为每个人各有不同的人生轨迹，各有不同的人生时区。

书里有一个很现实的问题是我们所有人都无法回避的，那就是你想成为什么样的人？关于这个问题，不知道你是否仔细思考过。

但有一点我们都很清楚地知道，你想成为什么样的人，都取决于你自己，取决于你的时间花在哪里。如果你想成为一名很厉害的设计师，却整日沉溺在游戏里，那就是在白日里做大梦，不切实际；如果你想赚很多很多的钱，去做环游世界的旅行达人，却把你要赚钱的时间全部用在贪玩上，那样，即使给你几辈子的时间，你都无法挣到那笔钱。

"一个人的前程，全靠他怎样利用闲暇的时间，闲暇定终生。"要知道，人终究是要自己成全自己的。

成长的路上会有很多曲折。不可能全被幸福所占领，也不可能全部被苦难所包围。

但我希望的是，我们可以一起并肩前行，走过这迷茫的青春，走过这长长的一生。

作者

2018.7

目　录

NO.1 ｜ 无论怎样，心有阳光

曾经的黑暗，都会变成耀眼的光　　　　　003

慢慢来，一切都来得及　　　　　　　　　007

看到未来，看到优秀的自己　　　　　　　012

即使再卑微，也不能轻易放弃　　　　　　016

大家都一样，为何别人能扶摇直上　　　　019

之所以走得慢，因为我想走得更远　　　　023

成长，有时是孤独的　　　　　　　　　　027

你想是什么样的人，你就是什么样的人　　032

既然选择了地平线，留给世界的就只有背影　034

为了那个足以与你相配的我　　　　　　　038

为什么要努力，因为我喜欢的东西都很贵　042

不辜负青春，不自甘卑微　　　　　　　　046

NO.2 ｜ 优秀，只在当下

克制自己，成就更好的自己　　　　　　　053

世界上的获得，都浸透着汗水　　　　　　058

心有方向，未来不迷茫　　　　　　　　　062

你并不特殊，你亦非上帝的宠儿　　067

不轻易放过自己　　073

人生在勤，不索何获　　078

成长，就是不断地挣扎　　083

一万年太久，只争朝夕　　087

每一个重启时刻都需要勇气　　091

没有伞的孩子必须努力奔跑　　095

你是你自己的英雄　　098

成为更好的自己，遇见更好的人　　102

坚持，就能看见曙光　　106

NO.3　越自律，越向上

有些人，那么努力只为活着　　113

熬得住不一定出众，熬不住一定出局　　117

愿你出走半生，归来仍是少年　　121

你只是看起来很努力　　125

耐得住寂寞，守得住繁华　　130

二十几岁和什么人交往，对你很重要　　134

平凡的你，很了不起　　138

越自律，越向上　　142

不怕任性，就怕没有资本任性　　147

人越闲，越容易堕落　　151

行走于世间，愿你善良温暖　　156

不回头，更不后悔　　161

你没有理由不全力以赴   166

如果事与愿违，请相信老天另有安排   170

活着的真谛，你有你的使命   175

少点抱怨，多点行动   180

NO.4   **欢喜，在每个早晨**

长得漂亮不如活得漂亮   187

不怕别人阻挡，只怕自己投降   190

无趣的世界，有趣的灵魂   193

拿什么拯救你的懒惰   197

我在努力生活，就能忽视孤独   201

不要虚度时光，别人可不这样   205

你本来就不成功，怕什么失败   209

自己选择的路，跪着也要走完   213

你不需要别人怜悯   217

正视孤独，聆听自己   222

只要努力，一切皆有可能   227

把每天当成末日来欢喜   231

把简单的事情做到极致   235

除了坚强，你甚至别无选择   239

冲刺，做紧迫充实的自己   243

NO.1 无论怎样，心有阳光

"没有人会成为你以为的、今生今世的避风港，只有你自己才是自己最后的庇护所。再破败再简陋，也好过寄人篱下。"

——《我的前半生》

曾经的黑暗，都会变成耀眼的光

看《大裂》是出于偶然，不管出于何种偶然，总算是毫不偷懒地把书里的文字都看完了。毫不夸张地说，书里的内容也如书名那般深刻，是一本彻头彻尾关于伤害的书，书中一片死寂，没有任何生的气息。书本里的每篇小说都抛给我们一个戳心窝子的问题，那就是："我们还要活（被伤害）多久？"

因为《大裂》里的各种荒诞情节，我顺手扒了扒着作者，对胡迁这个名字，有了一点点模糊的印象，后来看见他照片里流溢出来的几丝阴郁气息，便对他的印象又加深了几分。

与其他新锐作家相比，胡迁的文字还是挺有意思的，我感觉他会火上一把，在纯文学那条道路上烧出一片天来。

但是他没有，还没等到火的那一天，在去年10月，他就"星光陨落"了。

我看了他的微博，看了他的作品，发现他确实是一个才华横溢且绝不随波逐流的人。

他为什么会"凋零"？

"被骗""怀才不遇"或许只是他"凋零"的导火索，真正的原因恐怕隐藏在他的书本中。他在作品《大裂》里，留下了自己内心的话：

"我从几年前开始，就无时无刻不在沮丧，我不知道发生了什么，对要发生什么也不期待，因为人类有很多流程性的事物可以帮助他们度过大部分时间，这不是一个好的答案，但是会令人失望。"

"我有点混乱，因为我根本不知道是冲下悬崖，还是安然无恙，对这一生是比较好的解决办法。"

"总之，见到熟悉的东西就会感到非常糟糕，过去还存在着，是一个让人很难对付的问题。"

以上你看到的，无不是令人沮丧的话语。

一个作者遭受过什么，是喜悦是哀伤，其作品多数会流露出来。

至于他过去经历过什么，才会在文章里写出这么深刻"颓丧"的文字，除了他自己，恐怕无人得知。

但从他的微博中看，就知道他经历过很多挫折，付出过很多汗水，面临过很多绝望，承受着巨大的压力，却从未得到过一丝慰藉。

所以在"冲下悬崖"与"安然无恙"之间，他选择了前者。

他荒诞的文字坚持到了世俗考验的那一天，而他自己却没有坚持住。

仅仅在他去世五个月之后，他的遗作《大象席地而坐》便获得了柏林电影节论坛单元最佳影片奖。电影节官方称赞这部作品"视觉效果震撼""是大师级别的"。

于他来说，这是个迟到的好消息，但这个消息，他再也不会知道了。

如果他能多熬一熬，多撑一撑，那该有多好？只要他把内心挣扎的拉锯战再拉长五个月，他就会穿过那些幽暗时刻，看见东方为他升起的一片光，只可惜他没坚持住，倒在了黎明前。

"万物皆有裂痕，那是光进来的地方。"但光却是永远离他而去，唯他的作品替他沐浴阳光。

其实，谁又何曾不知道他所面临的压力呢？也许我能体会吧，或者很多人都有体会吧，那就是：无论怎么行走，都看不到希望，周围全是绝望，面对那种痛苦的日子，要坚持多久，能坚持多久？

但是，你要知道，所有的困难都会过去啊，包括那句被世人说烂的话：世界上没有过不去的坎，都是有它的道理的，因为这是很多过来人的经验，被诸多事实证明过。

你只要坚持住就好了，多坚持一分钟，你都能等来不一样的结局。你都能看见西边的日落，东方的太阳。

朋友传来消息，说她最近忙到焦头烂额，筋疲力尽。她忙些什么呢？忙考研、忙工作、忙兼职。

我说："你顾得过来吗？"她说："顾不过来也没办法，考研的钱已经交了，好几万不能白白打了水漂，那都是我用信用卡借来的。"除了更卖力地工作，接兼职，她似乎找不到更好的方法来填补生活的窟窿。

没有休息日就不用说了，在地铁里看书，公交上打瞌睡是常有的事情，上厕所的时候也在狂背单词，白天工作，晚上兼职，缩短睡眠时间看题，除了那五个小时的睡觉时间，没有一刻是闲着的。

她说累到爆炸，累到想死。她打了一串省略号，又重新说：因为考研，报了各种培训班，欠了一屁股债，还不能死，死也不能死得那么窝囊，总之，不能把债务毫不负责地留给家人吧？那简直是大逆不道。

她说，我能怎么办啊，生活何时才能熬出头。我也想有假期，我也想在周末慵懒地喝杯茶。但一想到自己今年已经三十岁了，什么都还没有，就不敢再有那种奢侈的念头了。

那恐怕是她人生最难熬的时刻吧，她说为了找到各种激励自己的方法，没少刷过"知乎"与"豆瓣"，看别人是如何熬过最难的时候的。

其实，她知道那些帖子里的文章确实也能打上一罐鸡血，续几天能量，但剩下的还是得靠自己来扛。

她偶尔会抱怨几句惨淡，抱怨几句无力，直到有一天她发来一段咪蒙的金字句，我就知道她对生活的磨难做好了所有准备：我不断往上爬，不是为了被世界看见，而是想看见整个世界。

她的生活何时熬出头我不知道，但我清楚地知道，只要笨笨地熬，不留余地地熬，含着泪水跪着熬，总有一天会熬出来一片可亲可爱的天地的。

前提是，她不放弃。

我们这辈子，长长的一生，不可能全被幸福所占领，也不可能全部被苦难所包围。哪怕是为了百分之一的幸福，你也要拼上百分之九十九的努力。哪怕是遇到百分之一的苦难，你也要鼓起百分之九十九的勇气。

生活，就是这副德行。

当你把百分之一过得足够用心，其余的百分之九十九会被你的真诚所感动，它们会为你裂开一条缝，照进一束光，让你看得见前路。

慢慢来，一切都来得及

不出意外的话，想必 Ted 的那段演讲视频你们都看过了。

如果有一万双手，都想用来为之鼓掌。里面有一句是我很喜欢的话："并不是每一件算得出来的事，都有意义，也不是每一件有意义的事，都能被算得出来。"

那真是一个很励志的演讲视频，适合所有奋斗中迷茫的年轻人。

视频的前半段宣读"普世的道理"：18岁成人，22岁大学毕业，25岁找到一份稳定的工作，30岁结婚生子，人生轨迹定型。

前半段看似"完美"，没什么毛病，一切循规蹈矩，不违背人生的"自然论"。

但视频的后半段对前面进行了颠覆："25岁后才拿到文凭，依然值得骄傲；30岁没结婚，但过得快乐也是一种成功；35岁之后成家也完全可以；40岁买房也没什么丢脸的。每个人都有属于自己的时刻表，别让任何人打乱你人生的节奏。"

后半段告诉你：一切皆有可能，只要你活得认真，你可以不用活得那么"直线条"。

前一种人生，似乎是很多人的人生，按正常的人生轨迹进行。没有人会去刻意违背"自然规则"，所以都被有秩序地划分成了无数个刻度。每个年龄阶段你该干什么，就必须干什么。

于是，循规蹈矩地过着机械般的日子，被禁锢下来，"捆绑式"地过完这一生，很难再改变。

也就是这种"威胁式"的人生，时刻裹挟着你，告诉你，每一步都错不得。错一步，你都要被冠上世俗的骂名。

例如：

"25岁后才考到文凭的人，都是慢半拍没出息的人。"

"30岁还没结婚的女人，以后很难嫁出去，嫁不到好的人。"

……

它时刻警告你，要守规矩，不然下场会很难看。

但人生的活法本来就不是单一的，那不是死规矩，是可以"打破"的，只是需要自己坚定一点。面对别人的指责或议论，你只管记得文章开头的这句话：每个人都有属于自己的时刻表，任何人都不能打乱你人生的节奏。

视频里说，有的人在 16 岁就知道自己想要什么，但在 26 岁却改变了想法；有的人有了孩子，却还是单身；有的人 22 岁毕业，却在 28 岁才找到工作。

张爱玲那句"成名要趁早"，不知害了多少人。

有人超越，就有人落后，但每个人都有自己的时区，每一段时区都有无限的可能性。因为每一个人的人生轨迹都大不相同。有的人，年少名满天下，而有的人，老来才获得事业上的成功。

韩寒年少成名，写下轰动天下的《三重门》那年，他才 17 岁。

高晓松在万人体育馆举办音乐会时，年仅 26 岁。

李健首次登上春晚，从幕后走到台前，那年他 36 岁。

王小波有勇气做自由撰稿人那年，他已经 40 岁了。

吴秀波真正火起来的时候是 42 岁。

金宇澄写出奇书《繁花》那年，他 60 岁……

人生路很长，并不是走得快的就是最好的，并不是走得慢的就代表你不行，而是每个人的轨迹都不同，只是你也不知道属于自己的时刻，会什么时候来临。

"并不是每一件算得出来的事都有意义，也不是每一件有意义的事都能被算得出来。"

如果你问一个刚刚毕业二十出头的年轻人，她（他）想要的是什么，那面对你的多半是一脸茫然的懵懂。很多人年纪轻轻，毕业也不过二十二三岁，踏入社会，一切都是迷茫的，知道自己从哪里来，却不知道自己往何处去。

但这都没关系，要放轻松，别紧张，没有"完美"的直线人生，你想要的也会在一个特定的时间点到来的。如果你不知道自己想要什么，那属于正常范畴，因为所有刚刚毕业的孩子，多数都不知道自己想要什么。

但可以肯定的是，你知道对什么感兴趣。如果你知道对什么感兴趣，那就慢慢地开始，一点点去雕琢，不用理睬周围的声音，只管坚持自己的热爱，只管去拼搏。

你才二十多岁，路很长，不用急，不用慌，有大把的时间供你去谋划未来，你只需要踏实地过好当下。不要让任何人打乱你的人生节奏，因为你的人生与他人无关，没必要被别人牵着鼻子走。

像视频里所说的那样，不是每一个人都应该按照年龄轨迹来行走。我们都有属于自己的时区，快或慢，都是由自己掌控的。

你不用害怕自己二十多岁了，什么都还没有得到。

罗永浩 27 岁之前，以为自己终生跟"老师"和"英语"这两个词绝缘。

秦晖老师 15 岁下放农村，也就此以为他以后的人生，都要待在农村，守着几亩薄田度日。

黄渤 26 岁的时候，关了他的机械厂，跑去圆他的唱歌梦。

同样的 26 岁，丁磊还在黑夜里顶着两个熊猫眼，拼命熬夜写程序。

……

走得慢一点，没有关系，你要踏实走，才是最主要的。你不必仰望任何人，你需要时刻低头看自己，找对路的方向。

二十多岁，人生最美好的年纪，一切都来得及。别人 20 岁一鸣惊人也好，50 岁大器晚成也好，都跟你没太大关系，因为每个人都有自己的人生轨迹，都有自己的人生时区。

你年轻，你一无所有，但你也切莫慌张。

你无须用年轻的眼光去看待世俗的老套，正如稚嫩的眼神拼不过火眼金睛的毒辣。你要无数次在人世的染厂里历练、摸索，才能走得更稳，飞得更高。

你的二十几岁，请你把步子放稳，把眼界放宽，把思维放大，往前走，慢慢走，别害怕，要相信你总能走出属于你的广袤天地来。

看到未来，看到优秀的自己

周冲这个名字，相信很多人都不陌生，一个拥有一百多万粉丝级别的人物，各类爆文经常在朋友圈霸屏，想不知道都难。

她是一个彻头彻尾的"野心家"，这句话可能用得不太温柔，温柔一点说，她是一个很努力，很拼命的人。

她以前的职业是一所镇中学的老师，体制内事业单位。月薪 3000 块，财政到期发工资，很稳定。

最主要的是，她的家人很满意，很欣慰。出生在农村，能用知识武装自己，给家族带来体面的人是相当给家人长脸的。

但那里物质匮乏，精神贫瘠，所以，她想逃，想挑战自己，不想把一生都困于此，她要去看更大的世界，学习更多的东西，伏笔也是在那时就已经埋下的。

别人打牌，她看书写字；别人扯淡，她看书写字。

因为足够优秀，光芒遮都遮不住。2009 年，她被调到县中学教书，但她依旧不喜欢那些闹人的琐碎，这里与镇中学并无多大区别，只是换一个地方而已。

她在沉默中发力，越努力越幸运。2011 年，经省作协推荐，她去了鲁迅文学院。在那座中国文学殿堂里与写作大咖们畅聊文学。

对于那一阵时光，她感慨万千："北京真好，你看大家关注的话题，与县城的话题完全不一样。"

心里时刻憋着大招想要出手反击。要么更俗，要么更雅。反击的情绪酝酿着，在 2012 年 6 月终于爆发了。她把那些不甘心，全写在那一纸辞职书里递交上去。但那次她走得并没有那么顺利。

她的妈妈说，多少人削尖了脑袋想进来啊，你却一股脑地往外冲，值得吗？换平常她可能会反驳，但那时，妈妈刚失业，身体也不太好，更怕刺激到她，给她双重打击，为了妈妈，她留了下来。

但她妈妈不明白，好鸟终究要高飞的。

她不想一眼就看到自己往后退休的生活，她隐忍到 2015 年，终究还是离开了。

很多人即便想成为谁，只会有一种想法萌生，都是昙花一现，不敢真正去做。而周冲想了，她就会在深思熟虑后去勇敢地做。

也许走得没有那么洒脱，但这次走得决绝。没有了母亲的病情牵绊，她可以自由飞翔。

她流连了 5 座城市，最后选择在大理停留下来，在苍山脚下租了一间房子，夜以继日地奋战，疯狂地阅读写作，连上厕所都会开着音频，刺激自己的写作欲望。

用她自己的话说，她要把自己当成《肖申克的救赎》里那把锤子，日凿夜凿，不断打磨自己。

一个勤奋的人，一个做梦都想变得更优秀的人，生活怎么会忍心对她甩巴掌呢，只会以温柔相待，以甜蜜呵护。

她专注写作，没有逛街，没有下午茶，没有社交，就把自己锁在那扇窗里，磨练自己的技能。

两年的时间里，她写进了广州城，把户口、房子、车子、写字楼一并都写了下来，同时把父母接到了身边。

她说她更喜欢努力的自己，也许那样，才能让平凡的生命更有价值，更完整一些。

有时候我们努力奔跑，不是为了证明自己是谁，而是想让自己变得更加优秀一些，有能力去为家人承担一点什么。

朋友前阵在朋友圈里晒了一张配图，起先没留意，但配图上的数字让我本能地敏感了一下。数了一下，七位数，300多万，一年的收入。我默默点了个赞，一直欣赏他那种拼命三郎的劲头，同样也知道他的不容易。

这些钱，都是靠码字赚来的，他写玄幻类的网络文学，写了7年，显然已经有了不俗的成绩。

但最开始时，他并不是这样，他在工厂上班，1500元一个月，做着最廉价的工作，经常被剥削，体力、金钱的双重剥削。经常加班，累到直不起腰，因为倒班的缘故，他每天顶着熊猫眼，去重复机械的劳动。

好在他意识到自己不能一直这么下去，他要为自己的前途凿一道出口，然后往那个出口奔跑。

可怎么着手？自己平常喜欢看玄幻类的网络文学，想着或许自己也能写。

那就试试吧，有任何能改变自己境遇的机会都值得去尝试，毕竟不能在几年后，看到的还是现在这副窘迫的样子。

于是，他开始利用闲暇写小说。起先写得很费力，但好在一直坚持着。后来索性把工作辞了，全职写小说。

头一年，几乎没有任何收入。他写的稿子全部石沉大海，周遭的人全不看好他，取笑他坐在家里不干"正经事"。那一阵子他内心是崩溃的，整个人很颓废，明明二十出头，看上去老了有十岁。

但已经耗时一年，半途而废是不可能的，即使是硬着头皮也要撑下去。写吧，只管写。于是更加频繁，从不间断，从而也掌握了一些技巧，读者渐渐多了起来，他也有了信心，因此越写越好。

后来签约了平台，机会渐渐多了起来，钱也越赚越多。但他还是没有偷懒，有时候给他发消息，询问现状，回复永远是三个字：赶稿呢。

长时间赶稿，巨大的工作量，使他的右手腕得了腱鞘炎，他疼得龇牙咧嘴，但还在坚持往电脑上码字，为了赶进度，为了不辜负每一个读者。

我问他，跟过去相比有什么感受。他笑笑，只说了一句话：

我努力变得优秀，就是为了有尊严地让曾经耻笑我的人闭嘴。

每一个想拼命变得优秀的人都有一颗不安分的心，而正是那颗不安分的心才促使他不断地奔跑。

你现在的样子完全可以决定你以后是什么样子，是光鲜，还是惨淡，全凭你自己决定。若想自己的未来和现在不一样，就必须从现在开始跑起来。年轻的时候不多跑跑，年纪大了想跑也有心无力了。

即使再卑微，也不能轻易放弃

前一阵子，第三季《中国诗词大会》的总冠军雷海为火了。他火的原因不是因为他满腹诗词浸染芳华，而是因为他以外卖小哥的身份击败了北大文学硕士，夺得了冠军宝座。

夺得冠军的那一刻，各大新闻的标题几乎都把他冠上了"外卖小哥"的称号，无一例外。例如"外卖小哥的诗词冠军之路""外卖小哥今天不送外卖，只谈诗词"……

一个外卖小哥对阵一个文学硕士，从名头上来看，于观众来说，就有十足的看点。起码给我们的错觉是：一个送外卖的，不好好送外卖，跑来参加诗词大会，输了不嫌丢人，不嫌难看？更何况他最后的对手是一个"江湖老将"，有着丰厚的诗词功底，人人都为他捏了一把冷汗。

多数人以玩味的心理在看他的表现，看外卖小哥的"不自量力"，看他如何输得一败涂地，灰溜溜退场。

但有这种想法的人最后都被啪啪打了脸，因为他赢了，他一路过关斩将。他赢得体面，赢得稳重，赢出了自己的高境界。

冠军赛那一场我看了。他冷静沉着对待，让对手节节败退。舞台上，他金光闪闪，出口成诗，令人惊叹，俨然成了诗神。

那一刻，所有人忘了他外卖小哥的身份，所有人赞美他，赞誉他。包括董卿，也毫不吝啬自己的赞美之声："祝贺你，雷海为，你不仅战胜了所有对手，你更战胜了你自己，更战胜了生活，你是一位生活的强者。"

我想，他是先战胜了自己，战胜了生活，最后才能战胜对手吧。

这对他来说，还不是最耀眼的赞叹，最耀眼的赞叹是，他的对手彭敏也对他满心叹服：海为就是《天龙八部》里那扫地僧，他根本不管江湖上的事，但是他一旦出手，就会震惊整个江湖。

他又何尝不是呢？他用13年的时间，把自己历练成一个生活的强者。用微弱的光芒，照亮了整个世界。

13年里，他搬过砖，当过服务员，送过外卖，做着没有"营养"的体力劳动，但他时刻不忘给脑袋补充营养，那就是背诗词。只要一有闲暇，他就会背上几首，送外卖的时间，一个来回，就可以背诵两首。午休时分，晚上入睡前，把能用得上的时间全部用在背诗上，把一首首诗词小心翼翼地放在记忆里，为的就是有朝一日能一鸣惊人。

生活不曾优待谁，也更不会亏欠谁。显然，他成功了。他不用再被动地去谋生，可以凭借那些发烫的诗词过自己想过的生活。

有时候，你奔跑在泥泞的路上，只能看见一点点烛光，但你也不能埋怨它根本不足以把你前方的路途照亮，你只能守护它，直到下一个光明的来到。像雷海为那样，不急不躁地行走着，时不时用能量给它微弱的光芒注入几分光亮。

你不要着急生活什么时候给你回馈，你只管去做吧，去努力吧，你的用心生活自然看得到，它有它的标准去给你考量。

你知道，生活不是给予你烛焰，你才能看见这个世界，而是你要争取那几分光亮，去征服这个世界。

可想而知，只要心中有信念，小火苗也能聚成大火焰，散发出光芒。

你啊，我啊，我们。一路狂奔，跑累了，低头看看自己，初心还在，抬头看看前方，火苗也在，这或许就是安慰自己最好的模样。

生活就是，只要有一点光，就值得我们去守护。面对苦难的千凿万锤，你要能顶住。顶不住是深渊，顶住了就是天堂。

大家都一样，为何别人能扶摇直上

我在"新世相"里看到过一篇文章，叫《你为什么还没过上你想要的生活》，标题很戳眼，内容更戳心。

由 29 岁危机引发的一系列故事。

文章里列举了两个人，一正一反进行对比，不是对个人的批判，也不是对生活的批判，只是纯粹地探讨生活那点事，走过的路和经历过的事。

一个 27 岁的年轻人与一个 40 岁的"过来人"：一个浮躁，经不住岁月的历练，年近三十一事无成，以前定下的目标都成了泡沫，一碰就碎，一件也没有完成。一个经得住摧残，较得起真，负得起责，收获了曾经没有预料过的事业巅峰与成功。

曾经同样都是沙砾，都在一样的起跑线上，如今一个在职业生涯里依旧毫无定位，被人呼来喝去，风一起，还是会乱了阵脚；另一个则已经深深地稳固在高楼大厦里，指挥千军万马，职位也越来越高。

他们之间除了年龄上的差距，还有别的差距吗？当然有。

前者说，6 年里她曾换过五次工作，这也意味着是一年一换的高频率。对于每次换工作，她都能找出理直气壮的理由：
不合适。

不是共事的人不合适，就是行业不合适，要么就是"感觉不对"的不合适。不用深思熟虑，说辞就辞。人前看去洒脱万分，人后实则一具"骷髅骨"，几年下来，什么都没有学精，什么都没有学通。

总结下来，她说，其实是想得太多，恐惧太多，缺乏安全感，怕自己一事无成，才不断地跳来跳去，找更适合自己的。

她啊，终究是太年轻。其实，她不知道，跳来跳去那是最傻的方法，最好的办法就是原地不动，在一个行业里精进坚持。

不要今日画画，明日写诗，像无头苍蝇一样乱撞，明确一个自己的目标，去执着，或许她会以全新的姿态迎接一个不一样的 30 岁，如后者一样。

后者在一家公司一待就是 15 年，把大学毕业之后的整个青春都熬了进去，呕心沥血地熬，用大俗话说，就是认定一件事情，无怨地坚持。15 年的光阴，从毛头小子熬到了"霸道总裁"的位置。

其实，他也在 29 岁那年遭遇过危机，不过面对这种短暂的危机，他很快调整了自己的情绪，坚定以前的目标，因为当人有了目标，才不会迷失方向。

他说他感谢他没有预测未来的本领，也懒得去琢磨未来，只管踏实做好当下的事，一步步走，才有了今日的成就。如果没有那股子韧劲，恐怕他也很难走出来。

对于一切都不稳定的人来说，有时候一个人太聪明，太"高瞻远瞩"，反而会被自己耽误。

其实，说了这么多，重新回到主题，也无非是想表达，两个人的想法与做法，会产生差距，而差距的大小，则会决定自己是平庸还是精彩，是散碎沙砾，还是高楼大厦。

朋友的一个学姐，很喜欢八卦，对自己的事情不上心，对别人的事情倒是上心得很。一天到晚净琢磨别人挣多少钱，谁高工资，谁月薪过万，她把周围的人都"八"得精光，对别人的财物状况了解得一清二楚。

对于那种拿高薪的人，她会发出"鸣长笛"般的哀叹，同样都是大学毕业，同样都是毫无背景，为什么别人工资要比自己高出一大截来？

她也经常艳羡朋友，说她年纪轻轻，月薪轻松过万，简直是有神人相助，自己就没那个运势。

真是这样吗？当然不是。朋友高薪的背后，就是玩命地工作，她的至理名言是：要么专业，要么滚蛋。工作容不得半点马虎，凌晨1点到家是常有的事情，除了吃饭睡觉，其余的时间都是工作。这样高强度高质量地工作，想不换来一沓人民币都难。

而朋友的学姐呢？除了伸着脖子仰慕别人，似乎也不会做别的事情了，守着那份半死不活的工作，不提升任何技能，也不接受任何形式的加班，每月规规矩矩地领着那份死工资，一边艳羡别人，一边哭天抢地。

一个在千金岁月里消磨时光，沮丧地活着。一个在时间缝隙里生存，努力地活着。

她们最大的差距不是学历，也不是背景，而是一个懂得想要的东西必须要靠自己奋起直追，一个不懂得努力背后的意义，也不相信凭借自己的努力会改变现况。别人把时间都节省下来奋斗，而她却把时间慷慨地给予一切不相干的人与事。

如果朋友的学姐永远都是那种很沮丧的状态，保持不了对生活该有的热情，那我想她有必要深刻地认识下自己，至于怎么认识，可以用山本耀司说过的一句漂亮话来诠释："自己"这个东西是看不见的，你需要撞上什么东西，然后反弹回来，你才能看见自己，认识自己。

若想改变，她应该勇敢地去撞上点什么东西，深刻认识自己，然后去得到理想中的东西。

她成为了她想成为的人，你却没有成为你想成为的人，一定是有难以逾越的差距的。

什么是差距？差距就是：

你每天游泳 100 米，同人家一天游 1000 米的效果是不一样的。

你每天记 10 个单词，同人家每天背 100 个单词感受是不一样的。

你每个月读一本书，同人家两天读一本书的收获是不一样的。

你每天工作 8 个小时，同人家每天工作 14 个小时的成绩是不一样的。

别人愿意努力，愿意改变，而你却停留在原地，这也许就是为什么别人强你弱的原因。

之所以走得慢，因为我想走得更远

刘慈欣写完《三体》那一年，47岁。5年后，《三体》震动科幻文坛，荣获"世界科幻协会"雨果奖，这一年，他52岁。

从22岁创作第一部科幻小说开始，他著作过大大小小几十部小说，但真正让读者熟知并打开知名度的是《三体》。

看到这里，你也许会以为他是职业写作人，但不是，他还有另外一层身份，他从水电工程专业毕业，是一名正儿八经的工程师。他白天工作，晚上写作，这倒不是多么稀奇的事情。但利用业余时间创作出伟大的作品，这就是件稀奇的事了。

因为对科幻小说的热爱，下班后的时间，他几乎都用在科幻小说的创作上。他并没有那么多的时间可利用，有的只是下班后，买完菜，接完女儿回来后的那几个小时。

因为他所在的单位是大型的国企，如果被人知道他写科幻小说，会被人当成笑料来看待的，幼稚以及不成熟的标签会在他身上贴一万次。所以，喜欢科幻小说这一爱好被他隐藏得很好。

他静静地做自己喜爱的事情，把一件事情重复做好，人前他不屑于高调，人后他只遵循内心。

《人物》杂志曾定义过他是"装在格子衬衫里的人"，他其实是个穿着格子衬衫慢慢走路的人，因为他知道，"要登高的人，开始必须慢慢地走"。《三体》的光芒背后，是他近十年耐心地"慢火细熬"，他不在乎名，不在乎利，只在乎他的作品够不够好。所以，他成功了，给世人呈现了一部伟大的科幻之作。

连奥巴马都对他的《三体》毫不吝啬地进行夸奖：看过《三体》才知道，我美国总统做的事情都是些小事情而已。复旦大学教授严锋也对他赞誉不绝："单枪匹马，把中国科幻文学提升到了世界级水平。"

如果不慢一点，怎么能成就伟大作品呢？所以怕什么慢呢？慢一点，细致一点，只是为了"不鸣则已，一鸣惊人"而已。刘慈欣那份热气腾腾的执着虽然迟到了三十年，但终究还是来了。

慢一点本没什么关系，每个人都有属于自己的时间区域，毕竟"出名要趁早"那样的话，不是适用于每一个人的。

前些日子跟老友一起吃饭，她问我还在写作吗？我轻轻点头回答她"是的"。她说她佩服我的耐力，时不时投来赞赏的目光，期间，她还举了一堆励志故事，鼓励我要一直走下去，不管多难都不要放弃。

在她深深浅浅的故事里，有一个我记得真切。

故事的主人公是她曾经的同学，一个长相很不讨人喜欢的男生。这样的男生，一般追求自己心仪的女生会比较耗力，所以，他喜欢的那些姑娘都把他拒之门外。每次拒绝的理由都大同小异：你也不照照镜子看看你是谁。

他沮丧的同时很快认清了自己，外在吸引不了别人，只能靠内在的才华支撑瘦瘪的躯壳了。

从那时起，他就一心投入了他喜爱的英语课程，不管去哪里都始终带着随身听，模仿发音，听语感。有一段时间，宿舍里的同学经常被他半夜吓醒，因为谁也不知道他会在凌晨哪个点蹦出一句英文梦话出来。

他属于那种不聪明但绝对用功的人，别人记两遍的句子，他可能要记五遍以上，才能在脑子里留下印象。他走得慢，但他走得稳，不急不躁，死磕那一领域，十年磨一剑，在学英语的道路上登上了属于自己的人生巅峰。

现在的他，爱情事业齐丰收，娶了当初那个欣赏他才华的姑娘，生了一个胖乎乎的儿子；给省长做翻译工作，时不时被聘请为首席翻译专家，年薪丰厚，甜蜜优渥。

他现在也偶尔揶揄自己，若不是当年为了追那些好看的女生，受了打击，也许还不会有今天的自己。当然，玩笑归玩笑，路还是他自己磕出来的，一个不想走路的人，是任凭什么巴掌都无法打疼他，促使他前进的。

所以，有时候，走得慢点没关系，只要不放弃就好。

早前一段视频火了，向来以儒雅沉稳著称的一位老艺术家，在一次节目里发了飙，他声色俱厉地批评了几个年轻人。没人加以反驳，反而引来了观众一阵狂赞。

起因是一群表演者表演了一段高台花鼓，一群年轻的评委不顾自己是否专业，口无遮拦地进行了评价，每个人都站在一个评论家的立场上大论一通。

但可笑的是，他们似乎都不懂得这门艺术，也没有对这门传统表演做足功课，但几个人装模作样争得面红耳赤，争得喋喋不休。

老艺术家在一旁实在看不下去了，义正严辞地对他们说了一段话：你们有很高的知识水平，但是对于一些传统的文化，你们连常识都没有，没看过就否定了它的存在。每一张脸怎么会是一样的呢？如果一样，那是因为你没看见每一张脸的样子。

接着他面向镜头回忆自己的感受："这帮孩子让我想起了我小时候，那时候，我在某剧组，曾经有七年的时间在台上一句台词都没有，演了匪兵、特务、八路军战士，等等杂角色。世界上没有那么多主角，大部分人可能一辈子都要甘于寂寞、甘于平庸。人在各种职业中要有一种甘于寂寞的精神准备，所以希望孩子们，你们要努力，但是不要着急，凡事都应该有个过程。"

他说的那一段话，恐怕最后一句才是关键。他想告诉大家，凡事都应该讲究一个慢，不必一口吃成一个胖子，应该细嚼慢咽去消化，才能真正有利于吸收。艺术如此，工作生活更是如此。

慢有什么不好呢？起码它有充足的时间能让你时常与自己内心对话。

慢是沉静，慢是智慧，慢是你对岁月的见解。为了走得更好、走得更稳，你实在没必要去追求所谓的快跑，那只会过度消耗你的体力，适当时，还请停一停。

成长，有时是孤独的

孤独是无声的厮杀与和解。

哪一个瞬间，令你觉得孤立无援？

是一个月里没有一个电话打进来，没有一个朋友问候你？是在漫长失眠的夜晚里，一个人静数星辰，让你觉得整个世界都遗弃了你？还是各种各样的人群在你身旁经过，推搡着你，将你挤出人群的那一刻？

我们啊，多多少少都经历过孤独的岁月，而那些在孤独中破茧而出的人更是成了了不起的英雄。没经历过孤独岁月的人生都是不圆满的人生。

李云迪曾在一档演讲节目里演奏过一首全国人民都很熟悉的钢琴曲——《新闻联播》。他说那首曲子对他来说很有意义，见证了他孤独岁月的成长史。

所以，他选择在演讲前弹给观众听，好让大家也一起感受一下他的孤独岁月以及他的成长之路。

关于孤独，关于钢琴，关于他的青春年少，他只做了短短9分30秒的演讲。其中，去除掉演奏的时间，短短几分钟，便概括了他三十年的辛酸。

人后的拼尽全力，才能在人前看上去毫不费力。

他说他跟其他的孩子不一样，别人家的孩子有童年，他是没有童年的。别人家孩子的童年有电视，有游戏，有玩耍，他的童年只有钢琴，弹钢琴，奏钢琴。

他说他每天的休息时间只有6点半到7点间的半个小时，那个时刻是他一天最期待的时刻，《变形金刚》成了他唯一可以得到释放的乐趣。

但每天这短短的半个小时，也是有前提条件的，他必须要完成当天的作业才能看。否则，想都别想。《新闻联播》的音乐响起时，他就得准时回到他的钢琴座位上，开始孤独之旅。

一间房子，一架钢琴，一扇门，把乐趣关在门外，把孤独与枯燥留在门内。一弹就是30年，弹上了舞台，弹出了国门。

看到这里，我回想了一下自己的童年，很惭愧，我是在一群熊孩子的嬉闹声中度过的，家长要求做作业，我都要讨价还价一番，才肯罢休。一副不情愿的样子坐回书桌前，仿佛为了别人写作业。

忍常人不能忍，才能得常人不能得。

他的孤独，终究是成就了他。也如主持人李响所说，谢谢一路来的单调，才成就了伟大钢琴师李云迪，也让我们听见如此动人的钢琴声。

谁不想热热闹闹的快活啊，谁又喜欢冷冷清清的孤寂啊。但为了得到些什么，就必须放弃些什么，世界永远是公平的，不会因为你长得可爱就对你格外关爱。

毕竟孤独是一杯烈酒，喝了它，才能穿过它，与美梦相拥。

那些取得过一定成就的人，都经历过很长的孤独岁月，或许他们在很长一段时间，都不曾与人说过一句话（不是哑巴，思考问题），不融入任何人的圈子，没有社交活动，一个人孤军奋战。

看过金庸小说的人都知道，他小说里大多的武林高手，都是孤独的。其中，张三丰就是最典型的一个，他闭关思考，谢绝一切门外客，在枯燥的岁月里，练就绝世武学。

孤独一点又何妨呢，能成就自己一身本领轰轰烈烈出关，总比在热热闹闹的一群人中黯黯淡淡的要好。

放眼望去，从古至今，古代的大文豪们，谁又不曾孤寂过？苏东坡如果不曾孤独过，就不会有大江东去的千古名作；司马迁若是不孤独，又何来"史家之绝唱，无韵之离骚"之称的

《史记》？

如果孤独可以成就我，我宁愿孤独一万次。当然，我希望可以敞开心怀，勇敢地与孤独相拥。

要想取得成绩，要想金光闪闪，就要把嘴巴闭起来，忍受你现阶段该属于你的孤独。当它来临时，你不要推开它，只管接受它，或许它是唯一让你走向成功的机会。

我曾经问过很多人，当他们孤独时，他们会选择怎么做，于是就有了很多五花八门的答案：

喝酒，喝很多很多的酒；

唱歌，唱一首又一首的歌；

打怪兽，充很多游戏币，直到把怪兽打死为止；

去人很多的聚会，装作有很多话题要聊的样子；

吃东西，看电视，换一个又一个频道；

试图找人聊天，尬聊、干聊都可以；

……

以此来缓冲孤独的现状，其实，这样做的意义又在哪里呢，喝酒除了能给你身上多带来几斤肉，什么也不会给你带来。

不一定非要逃避孤独，因为它才是你生活中不可缺少的最真诚的伙伴，躲它一时，躲不了一世，不如就静静接纳它，让它为你日后的生活增添一抹色彩，可以让孤独成为生命里短暂的底色，但不能成为永恒的底色。

因为你知道的，任何想成为盖世英雄的人，都是以狰狞的面目挣扎出来的，包括与孤独为伍。

当你孤独的时候，不如找一件自己喜欢做的事情全身心投入，它会让你忘记孤独的时刻。

黄轩也曾孤独过，很小的时候，他的父母就离异了，或许那是他生命中倍感孤独的时刻。但面对那样的结果，他还是接受了，没做任何反抗，因为他知道除了接受，什么也改变不了。

那样的环境下，造就了他敏感、内向的性格，压抑、孤独也随之而来。一个从小骨子里就孤独如初的人，想必比平常人要更加痛苦吧。

好在那个时候他迷恋上了跳舞，一遍遍照着迈克尔·杰克逊的舞姿模仿，让他忘却了一切烦恼。他母亲综合考虑了多方面因素，最终还是把他送到了舞蹈学院。

舞蹈只是他冲出孤独的一面壁垒，是他走向新生命的开始。后来，他重新找到了自己生命的安放之处，当一名演员。

如今，你在屏幕上到处都能看见他的身影，他独有的忧郁气质，自成一派的表演风格造就了一个不可复制的他。

旧时的孤独，如果你不勇敢一点走过来，你永远都不会知道前方有什么惊喜在等着你。

他成了自己心中的英雄，也成了妈妈心中的英雄，也更是在荧屏上成了万千少男少女喜爱的英雄角色。

穿越孤独，才能拥抱美好，任何人都不例外。英雄的成功来自于他们敢于正面接受孤独，从不逃避。

你想是什么样的人，你就是什么样的人

村上春树25岁那年开了一家酒吧，白天卖咖啡，晚上卖洋酒，维持一家人的生计。

开酒吧最主要的原因是跟很多刚毕业的年轻人一样，因为不想进公司被捆绑起来，他想要个自由身。于是向银行贷款筹得"巨资"开店。最后店是开起来了，但背负了一身债务。

债务让他并不轻松，三年里他同时打了好几份工，不分白天黑夜，熬过数不清的通宵，拼命攒钱，然后再四处举债，贴补到店里。

那个时候，他所理解的生活就是那样的，赚钱，每月按时偿还债务，努力让家庭生活变得轻松起来。一天忙碌下来，最大的满足就是能在店里悠闲地听自己喜爱的爵士乐。

二十多岁的时候，过得很艰苦，用他的话说，一天到晚干着体力活，没有轻松的时候。但他心态好，经常会用"世界上际遇更惨的人不计其数，自己的境遇只是小菜一碟"的话来安慰自己。

日子真正好转起来是在29岁那年。那时，小店的生意基本渐渐稳定，虽然欠款还没有全部还清，但只要坚持下去，能勉勉强强应付过去。

而他的命运转折，也是出现在 29 岁这一年。因为一场球赛，忽然让他找到了写作灵感，几乎是毫无根据陡然冒出来的，他说：没准我也能写小说。

既然想法出来了，那就做吧。那样的机缘来得那么巧，不能让它白白流失。他当即买了钢笔与稿纸，一字一句地开始写小说。

他的写作时间经常是在深夜之后，因为其他时间他需要为生活奔波，只有夜晚的时间才是真正属于他的。

厨房那巴掌大的地方就是他办公的地方。他每天利用天亮前可以自由支配的那几个小时开始赶稿。用半年的时间写出了《且听风吟》，这部作品为他斩获了新人奖，凭着这张入场券，也正式开通了他的写作道路。

后来，他把酒吧转让给别人，一心从事文字工作。那一刻，他大概知道自己日后应该要成为一名作家了吧。

我想，要成为作家的伏笔都被埋在了那些静谧的夜晚里。在圆桌上，他看着自己创作出来的一个又一个鲜活的人物，找到了生命的意义，也打开了自己命运的那扇窗——他到底要成为一个什么样的人。为了成为这样的人，他应该怎样去奔跑，去全力以赴。

所以，当找到自己的喜好，明确了那个目标，只管全心全意投入进来，不走任何捷径，在黑暗里与时间赛跑，跑出一片光明来，就像村上春树一样。

人生就是这样，或许你一开始不知道自己要成为什么样的人，走着走着才在某一刻幡然醒悟，但在醒悟的那个瞬间，请记得抓好也许只有那一次的机会，去付出时间，去肯定自己，你才能变成你想要的那个自己。

你想是什么样的人，都取决于你自己，取决于你的时间花在哪里。如果你想成为一名很厉害的设计师，却整日沉溺在游戏里，那就是在白日里做大梦，不切实际；如果你想赚很多很多的钱，去做环游世界的旅行达人，却把你要赚钱的时间全部用在贪玩上，也许给你几辈子的时间，你都无法挣到那笔钱。

"一个人的前程，全靠他怎样利用闲暇的时间，闲暇定终生。"要知道，人终究是自己成全自己的。

自己有决心要成为的人，除了自己给自己的阻力，谁还会给你阻力呢？成功路上最大的敌人恐怕就是自己了。

既然选择了地平线，留给世界的就只有背影

年轻的我们，对于北上广那样的城市，都有一种谜一样的执念。那就是去那里闯一遭，才不辜负青春，不辜负梦想。

《北京女子图鉴》开播时，就吸粉无数，或许最能俘获人心的还是"北京"那两个字，因为大多数人都在那里奋斗着、付出着。

女主人陈可依跟很多年轻人一样，刚刚大学毕业，对大城市充满了向往，不顾一切离开老家的温柔乡，去了那座充满挑战与诱惑的城市。

即便北京物价很高，房价很贵，竞争很激烈，都不能把一个怀着热忱之心的年轻人给打回原地。

她说，出来了，死也要死在北京。那一刻起，她恐怕也知道，既然选择了远方，便只能风雨兼程了。

在北京奋斗过的人都知道，想在那座大得吓人的城市立足，很难，尤其是手无寸铁的年轻人。

没有一点坚强，没有一点勇气，没有一点智慧，是走不出一条像样的路来的。尽管有这些，都还不够，还要有一颗能承受住苦难的心。因为生活就是一把隐形的剑，你也不知道它会在什么时候出手戳你几下。

陈可依的遭遇是真实的，也是现实的。初到北京，一切都没有她想象中的那么美好。面试时，期望薪资从6000块降到5000块，再降到按对方的标准来就可以。羽翼未丰满时，只得一步步妥协、退让，最后只得找了一份前台的工作，慢慢开始"长征"之路。

她住在没有信号的地下室，吃一次自助餐要精打细算，做着卑微的工作。这些其实也是我们平常的生活写照吧，经历过的人最能知其味，生活又何曾饶过谁呢？

活在一线城市，却过得像四线城市那么憋屈。想起生活中那些鸡毛蒜皮的事，想着自己的不如意，最无助的时刻，她向卖玉米的大爷买了一根玉米，看着川流不息的马路，坐在路灯下，边吃边哭。其实，她不知道，那样的日子也只是刚刚开始而已。

后来的陈可依给自己改名陈可，因为她知道，偌大的北京城，她只能依靠自己，不能依靠别人。

她真是死也想死在北京，什么困难都没把她吓倒过。换而言之，如果是我们呢？要在不足 10 平方米的地下室连续吃一个月泡面的时候，你还能坚持下去吗？

这座包容性极强的城市可以让你头破血流，也可以让你功成名就。把挫折看得太真切的人往往容易败下阵来。

面对生活的凌迟，面对残酷的竞争，陈可没有退让。她知道，她只能人后受罪，才能人前显贵。

即便是住得很破旧，也要光鲜亮丽地离开。后来，从默默无闻到小有成就，她做到了，她也在那里找到了自己存在的意义。

你给了生活多少真心，它都会一点点回馈给你，或许不是现在，但总有一天它会给你一个意外的惊喜。

当你选择在那些大城市奋斗的那一刻开始，你就应该做好"众生皆苦"的准备，去接纳一切。你若心向远方，留给世界的自然只有背影。

当然，《北京女子图鉴》的火爆是因为能引起大家的共鸣，生活不是电视，可电视的情节却如同生活。

麻丫（我认识两年的朋友）告诉我，她说《北京女子图鉴》里的陈可还不够惨，那些桥段还不够真实，她说她比陈可惨多了。

她说，她才来北京的第一天就被人骗了。身上带的2000块在下火车的时候被人骗了一半。那人坐她边上，说他来北京投奔亲戚，他亲戚房产多，可以便宜租给麻丫，地段好，关键还便宜，如果想租的话，先交定金。

麻丫看了看他，西裤扎在白色袜子里，眯着眼，嘴里叼着烟。她内心多不想信任他啊，但还是乖乖给了钱，约好下了火车可以一起去看房。

火车到站她等了半个小时都没见到那个人，她才知道他在上一站就已经下车了。脚才踏上北京城，生活就狠狠地给她上了一课：陌生人不是那么好相信的。

那一瞬间，她说内心快崩溃了，世界对她太不友善了，考研失利，来北京第一天就被骗。她差点做了一个冲动的决定，那就是，用她剩下的钱买票回家。

不过想到自己来京时的坚决，就把想法重新憋了回去。她说也幸好留下来了，不然她以为世界就是她看到的那么大，苦一点也值得。

后来，她在五环外找了个住所，那才堪称真正的地下室，冬天没有暖气，冻得她把所有的厚衣服都盖在身上。

苦吗？挺苦的。但没办法，得坚持。她想看到不一样的明天啊，哪怕明天很遥远，但只要努力活着，终归有希望。

她在城中心找了份月薪 3500 块的工作，咬紧牙关生活，在那个"破窑洞"里住了一年半。两年后搬到了东四环，一个月工资到手 7500 块，贡献给房东 2500 块。她说还是挺开心的，还年轻，想在这里留久一点。

她每次受了委屈就会抱着床上那只胖熊哭一哭，哭完又变成一个脱胎换骨的麻丫。她说她唯一希望的就是，自己成长的速度可以赶上自己变老的速度。

无论在北京、广州还是上海，不知名默默苦熬的人一抓一大把。他们有一点是相同的，那就是，身子和灵魂都匆忙地走在路上，给世界留下一个孤单的背影，因为他们害怕停下来，就会被城市无情地抛弃。

为了那个足以与你相配的我

有没有一份感情让你尽全力奔跑过？好的感情从来不是彼此消耗，而是共同成长。

看《侧耳倾听》时，有一个片段很让人感动。

男主人公对女主人公说："为了让我的名字早点出现在借书卡上，我看了好多书。"潜台词也可以理解成：为了喜欢你，让你注意到我，我付出了很多努力。

我们应该也有过这种类似的经历吧，傻傻地努力，就为换来对方多一秒的停留。

为了自己喜欢的人留意到自己，男主人公拼命努力，看一本又一本的书。而女主人公发现自己同样喜欢上男主人公的时候，也不甘示弱。

平常懒散惯了的她变得专注起来，一点点挖掘自己的长处，最后她得知自己会写故事。于是就废寝忘食地磨练技能，一切的努力都是为了能够得到认可，好与男主人公站在同一水平线上。好骄傲地告诉他：你看，我也不差。

当她熬过无数个苦日子，终于得到别人认可的时候，她没笑，反而哭了。

她说："我写了之后才知道，光是想写是不够的，要学的东西还有很多很多。但是，因为圣司一步步走得好快，我好想跟上他的脚步，我真的好害怕好害怕。"

当真正喜欢一个人，除了拼命追上对方的步伐，似乎已经找不到更好的表达方式了。当然，他们最后在一起了，两个脚步相同的人，差距不会太大，只要稍稍往前一跨，就与对方同步了。

最好的爱情就是，我们可以一起肩并肩看世界，而不是我躲在你身后偷偷看你的背影。

有一句话叫，你可以不比对方优秀很多，但你也别差对方太多啊。

我有一个学妹，一天到晚嘻嘻哈哈的，不思进取。对上进这两个字，脑海里没有什么概念。

但突然某一天，她整个人像开挂一样，冲在最前面了。平日起得最晚的她突然比我们都早了半个钟头，课堂上那个经常缺课的身影也重新坐回来了。不但如此，还极其认真，我连续回头看了她好几次，每次她的视线都没离开过黑板和书本。

我以为她受了什么刺激，这么反常的态度，以前从来没有过的。我问她："发生什么事了？可别让我们为你担惊受怕的。"

她说她恋爱了。

我们都笑她，恋爱就恋爱啊，有必要这么疯狂吗？她说很有必要。那个男生是邻校的学霸，而她是本校的学渣。她怕自己再这么嘻嘻哈哈混下去，那份原本属于她的幸福就没有了，会被很多人抢走。而变得优秀是通往两个人幸福最基本的保障通道。

学霸变学渣很容易，但学渣变学霸，就不是件容易的事了。为了配上他，她没少吃苦头，生生改变了自己的作息时间，在暗地里下功夫，各种使劲，期中考试的时候，愣是把自己的专业成绩提升了一大截。

当她与学霸手挽手走在一起的时候，时不时向我们露出几个笑容。

　　她说，也不是自己想多么刻意变得优秀，只是希望当一份爱情来临的时候，自己有能力把握住。

　　我的一个朋友，跟他女友在一起 3 年了，双方感情很好，彼此恩爱，经常在众人眼前撒狗粮，朋友圈里全是两人的合照。

　　昨天，他朋友圈发了一张两人的合照，以为是习惯性的秀恩爱，但仔细看文字，却是：三年修不来圆满，那就好聚好散吧。附加一个微笑的表情。我再次点开他的朋友圈，查看以前的消息，却什么都没有了。

　　这令我一时诧异，顾不上手边的工作，赶紧给他私信，询问怎么回事。他说一言难尽，找时间当面聊。

　　后来，他才说出事情原委，是女生不想跟他在一起了，他也觉得自己配不上她了。

　　这几年，她一直在进步，而他却在原地踏步。身边的圈子也渐渐变得不同，聊的话题也永远不在一个频道上。

　　她想要远方，但他不懂得远方，也不想有太大的改变。她想要实现的价值，他不能陪她一起去实现，所以裂痕就这么产生了。两个人睡在一张床上，而心里早就天各一方，所以分手也是迟早的事。

　　最悲哀的爱情莫过于我拼命往前奔跑，你却一直原地踏步。要知道，你的不优秀，别人嘴里暂时的不介意，不代表一辈子不会介意。

　　因为，"爱是一场博弈，必须保持永远与对方不分伯仲、势均力敌，才能长此以往地相依相息。因为过强的对手让人疲惫，太弱的对手令人厌倦"。

最好的爱情是势均力敌的。不平等的关系终究会分道扬镳，迟早而已。喜欢一个人，爱一个人，就努力把自己变得更好吧。爱一个人，留住一个人最好的方法就是我愿意为你变得越来越优秀。

为什么要努力，因为我喜欢的东西都很贵

姑父前年出了车祸，酒驾超速与大卡车相撞。人没死，只剩下半条命，住在 ICU，一天一万多。

表哥大哭。

一个 29 岁的男孩靠在医院角落，哭得肝肠寸断。我走过去安慰他，他趴在我肩膀上哭得更加凶猛，他说他没钱，他说他没用，连说了三遍。

表哥工作一直很懒散，属于得过且过的那种类型。工作了很久没有一点存款不说，还经常"剥削"家里。亲朋好友说他脚踩在天空中，一点都不踏实。

此时我分明在他的眼里看到了后悔。

他四处借钱，能借的都借了，借了五万多，还差一大截。他把凑来的钱拿到医院，急匆匆地走了。

那阵子他发了狠，野了好多年的表哥收心了。白天开滴滴，晚上给人家守仓库。睡眠时间就在医院的长椅上蜷缩着打十分钟盹儿。

但他一天的收入，都不够支付 ICU 一小时的钱。

后来，还是姑母的妹妹送来了救命钱，保住了姑父的命，但没保住一条瘸了的腿。姑母的妹妹说，就是为了刺激一下浩伢子（表哥小名），我才来晚了几天，让他一天到晚瞎折腾，看他关键时刻怎么办。

姑母说他现在懂事了。

是的，表哥懂事了，他爸的一次生死换来他的懂事，他爸乐呵着说值。

生死关头，容不得你讨价还价。你努力，才能在绝望时不至于睁着眼睛束手无策。你为什么要努力？因为亲情很"贵"。

闺蜜说她离婚了。

对方证实自己出轨，出轨的次数还不是一次两次，而且时间竟然长达一年之久。

她前夫我也见过，长得人模狗样，看见漂亮妹妹总会多瞄几眼，接触多了总觉得他有些油嘴滑舌，后来就敬而远之了。

闺蜜说她其实早就知道，一直睁只眼闭只眼，也就想继续这么稀里糊涂地过下去算了。但最近那男的把人带回了家里，她实在忍不了了才提出离婚的。

我诧异，一脸惊叹号。这也行？

她说她没钱，离不起，房子也不在她名下，离婚必须净身出户。长时间赋闲在家，职业技能退化到了"零度几下"，什么知识都没有长，光长了年纪和皱纹。

说白了都是没钱惹的祸，都是穷惹的祸。没钱就只能活得畏畏缩缩，活得毫无尊严，没有底气。

你有钱你可以给他几记响亮的耳光，潇洒走人。人为什么要努力？因为尊严都很贵。

最近工作比较累，一天除了三顿饭，其他时间都趴在电脑前，经常要熬到凌晨两三点，第二天七点起来接着循环。

我妈心疼我，经常会跟我说，女孩子家的不要这么拼，不要太爱钱，而且那些都是男人该奋斗的事。你应该找一份差不多的工作，领着差不多的薪水，出去逛逛街，看看电影，多享受一下。

当然，我无力跟我妈争论什么，我知道她是出于心疼的心理。

我告诉她，我不累，而且工作得也比较开心。但我心里其实很想用《真情假爱》里的这段台词来反驳她：我并不爱钱，但我知道钱能带来独立和自由，我喜欢的是独立和自由的生活。

我努力，我可以很任性地生活，我可以海阔天空，可以有诗和远方。为什么要努力？因为自由很贵。

刚去北京的时候，觉得什么都贵，买东西贵，吃东西贵，尤其房租更贵。巴掌大的地方，还在很偏的郊区，都提价到了2000多块，还是合租，一个月工资就要奉献一半给房东。

即使这样，我还是不愿退居到家乡二三线城市去，虽然小城市物价低，但思想格局也很小。大城市里，文化底蕴浓，人脉广，见识多，机会也会更多。

宁愿在大城市里"贵"，也不要回小城市里"便宜"。

只要你肯留在这里努力，就一定能熬出头。当然不是一般的努力，是下死力气那种努力。

要想住单独的公寓，要想不半夜起来还要跟人抢厕所，你就得在别人睡觉的时候多付出一些。

要想买东西的时候不用看标签，你就得忍受比常人更多的艰辛。

要想随性地出入名贵场合，你就该受尽生活的捶打，然后老老实实重新开始工作。

你有钱，你可以买随心的快乐和喜悦。为什么要努力？因为品质的生活很贵。

如果有一个朋友邀你一起出国旅行，如果你没钱，你的第一反应是机票贵不贵，住宿贵不贵，景点贵不贵，行程贵不贵，你反映的点，全是贵不贵。如果你有钱，你会说，太好了，那里很美，我刚好很想去，很值得去。

很显然，应了心理学上那个规律：当你买不起一样东西时，你会用价格衡量它，但当你真的买得起这件东西时，你会用价值来衡量它。

因为贫穷真的会限制一个人的思维，如果有钱，它局限不了你的想法，更不会限制你连旅行这点小事都要问个半天。

如果你有钱，如果你想去，你只需要在手机上按一下几个数字，一切都能搞定。

为什么要努力？当然是为了我想去哪儿我就能去哪儿。

最后，用一句话来结束这一篇文章吧。

你为什么要努力？因为我喜欢的东西都很贵，我想去的地方很远，我想做的事情很多，我想爱的人超完美。

不辜负青春，不自甘卑微

人小的时候都在盼着长大。

拿我妹妹来说就是这样。她看见我就会习惯性地说，姐啊，羡慕你，哪里都能跑去，想去哪儿就去哪儿，我长大也要像你那样自由地奔跑。

高一的小孩对未来有憧憬是理所当然的，谁没想过长大那点事呢。我说你现在多读几本书，别偷懒，用成绩开路，以后想去哪儿就去哪儿，清华北大随你去。

她羡慕我长大有能力四处跑，其实，我更羡慕她可以在那个年纪大声地说一万次她想去的学校，选一万次她想考的专业，说什么大家都会支持，她有做各种梦的权利，只需要多付出点努力就好。

她读寄宿，每周末回来一次，每次回来先看看电视，玩玩手机，吃饭。吃饭，玩玩手机，看看电视，两天就过去了。唯独那作业，恐怕是跟她有千年仇恨，害怕去多看两眼。吓得我跟我妈各种惆怅。

同为过来人，深知她的内心，她就是我的复制品。因为那时的我几乎跟她一模一样，吃喝玩乐，不见棺材不落泪，只有到了每次大考出成绩的时候，那分数才能刺痛一下我脆弱的小心脏。

"听过很多道理，依然过不好这一生。"我也拿自己举例无数次，讲道理千百回，可她依然每次考不好。

人都有拖延症，今天没完成的想着明天完成，而她想的也是，高一没学好，高三再冲刺。但冲刺多累啊，现在学着都觉得艰难，还想着冲刺，真怕她冲到沟里去。

有时候说多了，气得我真想买一台时光转换机（如果有那玩意儿的话），把她送到未来，把我送回过去。

让她感受一下，长大后的她所过的生活。让她看看多少人在懊恼，有多少人在找工作的时候四处碰壁，哭着求着回到过去，甚至回到娘胎，重新开始。

不说别人，就说我，毕竟是两姐妹，好举例。我就希望自己穿越到过去，利用下课的时间多看几本杂书都好，待我二十几岁时，我能跟别人自豪地说，我也是博览群书的小才女。虽然现在也在努力看，但那荒废过的时间，再也补不回来了。

都说什么时候开始都不晚，但那毕竟是说给已经无法改变过去的人的。面对还来得及的青春，就要千方百计留住。

真想将龙应台的这段"毒鸡汤"，给她灌进去："孩子，我要求你读书用功，不是因为我要你跟别人比成绩，而是因为，我希望你将来会拥有选择的权利，选择有意义、有时间的工作，而不是被迫谋生。当你的工作在你心中有意义，你就有成就感。当你的工作给你时间，不剥夺你的生活，你就有尊严；成就感和尊严给你快乐。"

你可以盼着长大，因为长大很美好。但长大的过程是一个挣扎的过程，挨过那段艰难的过程，或许就没有什么再能难倒你了。

长大意味着可以做很多事情，小时候想做但做不成的事情。

人只有长大，模糊的世界才会变得明朗，很多事情也渐渐有了明确的主张，知道自己想要什么，不想要什么。有青春，有梦想，可以没钱就赚钱，没能力就学能力。

青春期很短暂，十多岁到三十岁，都是最美的年纪。

见过很多人，活在对未来的无限向往中，也见过很多人，活在无限的懊恼中。

前者自信，后者自卑。前者处处把握机会，后者有机会也不想握，怕烫手。

前者大部分都是在某项领域中有能说起让自己为之骄傲的东西。后者则什么都拿不出手，多半处在"破罐子破摔"的状态里。

对于前者，我们多半赞赏有加。对于后者，估计给予几个大巴掌可能都无法把他打清醒过来，需要"下毒手"，才能拯救出来。

但青春很贵，"下一次手"就要落下一次疤，只有局中人自己看透，走出沼泽地，才能不露痕迹鼓起勇气，继续往前走。

我有一个清华大学的乒乓球球友，会左右反手，上下旋转，很厉害。次次都能把我打"残"，输得我心服口服。

每次跟他说让他让着我点儿，这又不是打比赛，好歹也适当让我赢两回。但他总能把我怼回去：对于我来说，球场如战场，赛场上让你，生活的残酷场谁会让你啊。

我就一句话，他就来这么一大段。好家伙，肯定是个凡事都较真的人。

不过他确实是个爱较真的人，尤其对自己的人生态度，可以说是一丝不苟。

这人很厉害，在我看来是这样的。因为他对自己的人生很有规划，而且规划得很有意义，一件细小的事情，都会用全力投入，绝对不会打马虎眼。

少年时有少年样，青年时有青年样，现在快 35 岁了，应该还算青年。每个年龄阶段做不同的事，赋予生活不同的意义，虽然没有几千万，但也算人生赢家了，因为他几乎没什么后悔的事情。

原来清华的学霸都是这么诞生的，百分之百地尽全力投入，才能赢来那一份不遗憾。

他让我想起了一句我的至理名言：对不起，你的青春，只有无限投入，才能让你未来不会因此而感到愧疚。

这世界最贵的东西恐怕就是青春了，道理应该无须赘述。

有人说，很可惜，人生只能有一次青春，如果能多几次青春就好了。我可以把事情分批来做，一次用来学习，一次用来恋爱，一次用来工作，一次用来旅行，每次都是活力满满地出征。

我只想说，那你就痴人说梦吧。

人的青春仅此一次，一次就那么短暂，应该怎么过才算对得起自己，我想你们的内心应该比我要清楚得多了。

NO.2　优秀，只在当下

　　人生不如意的时候，是上帝给的长假，这个时候就应该好好享受假期。当突然有一天假期结束，时来运转，人生才真正开始了。

——《悠长假期》

克制自己，成就更好的自己

生活中，需要我们克制的事情有很多。每一次克制，都是一次成长，都是一次收获。尽管克制很难，但还是需要我们努力去做到。

我们来聊聊，应该学会克制什么。

1. 克制手机的"魔性"

你告诉自己，晚上一定要早睡，明天要早起。

于是把手机放在一边，闭着眼，一个翻身，没忍住，拿起手机，刷抖音，刷朋友圈，刷微博，于是刷起 来没完没了。

一看时间，已经凌晨 2 点，你的睡眠欠费已久。早晨变成起床困难户，闹钟响两次没听见，响三次起来已经来不及踩上打卡点，迟到一次扣 100 元，当月全勤奖没有。

这还不是最主要的，主要是晚睡起来，早上脑袋经常昏昏沉沉，一天无精打采。

工作效率不高，大差错没有，小差错不断。工作的时候，隔三差五偷刷一下手机，延迟工作的任务，晋升延期无望。

如果你是以上这种情况，很显然，你中了手机的毒。

不知道你有没有这样一个习惯，那就是不管你有多忙，只要手机一响，立刻会抬头去看，去回复消息，然后聊起来没完没了。本来能提前完成的工作，活生生往后推迟了三小时。

你能告诉自己的是，晚上克制自己玩手机的次数，有必要把一些没用的东西卸载掉，以保证你睡眠的质量。

白天的时候克制玩手机的量，早点认真完成工作，少玩一下手机，休息的时间就有了，阅读的时间就有了，其他的时间都有了。

克制一下吧，不是说让你戒掉，都是成年人，但总得有点儿能克制的决心。你每一次克制，都是一次进步，每一次克制，都会有一次收获。

2. 克制心魔

我有个朋友，在一家创业型电商公司工作，刚起步，团队的人数不多，加他只有 10 个人。

他们公司每月会轮流一次刷单和返现。

都在淘宝上买过东西吧？就是客户好评之后，卖家会承诺给买家返现 2 元或 5 元之类的。

那次返现的任务轮到他了。

他们公司财务对账有很大的漏洞，把关不严。

财务不核对旺旺聊天里客户留的返现账号，也不看转账记录，完全只以当班人做的表格为准（只有日期与返现金额）。

没有旺旺账号，意味着自己可以填写，想写哪天就写哪天，想写多少就写多少。

当初他们一个月的流水是 20 来万元，不是没有做假账的可能性，而且谨慎一点完全有可能看不出来。

但他没有，他克制了内心那份邪恶的念头，守住了自己的本心。

好人有好报那句话，可能是亘古不变的道理。后来，他被提成了公司合伙人，他老板对他无比信任。

克制自己内心的邪念，比什么都重要。

3. 克制脾气

公司有个同事，私下里跟我关系不错，玩得很好，所以对彼此也比较熟悉。

她什么都好，就是控制不住自己的脾气，一旦火气上来了，天王老子她都得炸，暴脾气外加冲动型性格。

我跟她说过一万次，上司说话的时候，能少说两句就少说两句。她回复我的话让人无力反驳，她说错的就应该纠正，对的可以赞许。

那天，她接受了一项任务，上级领导给她布置了一个专项工作。

独立选题，专题稿件撰写，与各老总直接联系，与各部门沟通协调，都得她一个人来完成，其他人都有各自的工作安排。

但那次偏偏很不顺利，不是别的部门的人没有时间配合，就是她采访的人这个今天要外出，那个明天又不在，工作完全开展不起来，包括她策划的专题，其他部门也是各种看不上眼。

而另一边领导又催促的厉害，她这边稿子还是空空如也。

好几天过去了，项目进展很缓慢，领导找她谈话。办公室里没听见领导的责怪声音，她委屈的声音倒是听得一清二楚。

大概就是别人一点也不配合她之类的话。

其实，领导并没有多少责怪她的意思，只不过是让她抓紧一点时间，进展快一点，但对方刚提起这个事情，她就炸毛了。

最后，觉得自己闹得很难堪，她就离职了。

如果她当初克制一下呢？或许她会升职，因为她的能力不错。后来在开小组会议时，部门领导有说过，如果她顺利完成了那次任务，上级有意提拔她。

只是她没克制好自己的火爆脾气，把事情都给弄砸了，把自己也给弄砸了，得不偿失。

冲动是魔鬼，一定要想办法克制住，克制不住的时候，想想自己的损失，也许它会令你罢手。

4. 克制自己的情感

有个读者在后台留言，说她喜欢上了一个很有才华的已婚男人，一度让她陷入其中无法自拔，而对方同样也是喜欢她的。

当感情野蛮生长时，她也知道自己不能再这么肆意下去，因为不但伤害了彼此，也会伤害对方的家庭。

一个人可以克制不住自己的感情，但可以克制自己的行为。他给她发消息的时候，一开始她经常秒回，但渐渐把回复消息的时间拉长到两个小时后，再依次递加。

把对他的想念，通过做别的事情来转移，去接触新的男生。

两个月后，她做了一个决定。她用了一个晚上的时间，写了一封很长的告白和分手信，把他们在一起的点点滴滴全部记录在里面，也写出了她的痛苦与无奈。当她写完发给他之后，发现一切都已经释然了，曾经的情感发泄点有了出处，整个人都自在多了。

她再也没找他。

克制住了不应该的情感，相信她会找到一份更完整的爱情。

你的每一次克制自己，都意味着比别人更强大。无论是何种克制，它都只会成就你，让你成长，让你进步，让你变得更完美。

克制没有那么难，你比你想象的要强大，克制，难不住你。

世界上的获得，都浸透着汗水

走在街上，或者在人群拥挤的地铁里，你们也能经常看到这样的景象吧：一个妈妈年纪的妇女牵着孩子，一边手拿话筒，一边跪在地上向人群乞讨，要么就是手脚健全的人，边磕头边乞讨，破旧的音响煽情地配合着她们。这样的常态，也许就是别人口中所说的不劳而获吧。

如此一来，很多人会站在道德的制高点，狠狠地批判他们，那样做是不对的。

这样做固然是不对，污蔑了人对美好生活的向往，也丧失了人性独有的自尊。

那如果扪心自问的话，我们自己有没有动过这样的"坏心眼"呢？

幻想有朝一日，忽然中了几百万大钞，从此过上富裕的生活，走向人生巅峰。幻想某一天做的美梦，一觉起来，通通实现了。

幻想的事情谁不会呢，哪有什么免费的午餐，不劳而获的事情，终究都只不过是幻想而已。理想中想要得到的东西，哪个又不是在那间压抑的办公室里，老老实实工作加班，为了家里的柴米油盐，为了诗和远方。

当然，不劳而获那种事情，只是在压力极度大的时候，偶尔冒出来的小想法，但很快它就会被打回原形，老老实实压缩在体内，千年甭想再出一次山。

因为大多数人都是在勤勤恳恳地工作，日复一日努力循环工作，挤地铁，挤公交，节衣缩食，就为银行卡上能多上一个数字。

《中国好声音》里，导师汪峰最喜欢问学员，你的梦想是什么？往大了说，音乐就是灵魂，学员的梦想是成为一名红得发紫的歌星。往小了说，希望得到导师们的转身。梦想可大可小，都令人心神向往。

虽然我不是好声音的选手，但我真的很想回复一句，我的梦想就是混吃等死，坐拥金山，男票成群。（可能会被揍）

后来我妈问我的梦想是什么，我如实按照以上回答之后，果真是一个枕头外加一个斜眼，一齐扔了过来。从那之后，我就老老实实，脚踏实地的走路了。

其实我知道，想沮丧地活着，混吃等死，闭眼等天上掉馅饼的人多的是，但那怎么可能呢？连五岁小孩都懂得的道理，成年人更加应该懂得才对。

因为这个世界啊，唯一可以不劳而获的就是衰老、疾病与贫穷。这一点，没有谁可以进行反驳吧？为了离它们远一点，只能豁出去努力拼一拼了。

曾在朋友圈里看过很多用力生活的人，他们年纪最大的八十多岁，最小的十几岁。无论刮风下雨，都在不知名的巷口，起早贪黑，守着路边摊，内心祈祷能多卖几个钱，理由不一，但境况却大多相同，多赚几个钱贴补生活。

印象最深的是看一个小视频，视频中的女子没有双手，她的双脚娴熟地用针线绣着花，是的，你没看错，用了娴熟一词。她灵活的动作，一点也不亚于别人的双手。

那娴熟的背后，应该是无数次泪水与鼓励的话语叠加而成的。谁的生活过得容易啊，他们比我们更不容易得多。但她们只能更加卖力的生活，因为知道天下没有免费的午餐，等着伸手，人能施舍一阵子，但不会施舍一辈子。

她们不管挣多挣少，都有着一份对生活虔诚的态度，起码深深地热爱着生活。

那些免费的午餐后面，都是一次次辛苦的练习，一次次跌倒，一次次爬起来，只是为了拿到真正意义上免费的餐票。

微电影《我是一只海鸥》，女主角对陈柏霖说，她希望她的名字可以出现在照片墙上，那意味着她已经是一名女主角。陈柏霖笑着回答她：那会很辛苦的哦。

又怎么会知道不辛苦呢，她一次次被喊停，一次次被否认，经过 72000 次的试演，见过 1000 多个导演及制作人，收到过 10000 封以上的拒绝信。

但还是站在镜子前，看着自己傻傻地练习，粘着厚厚的汗水不顾一切躺在地板上，说她真的好累。

她总是在最后说，我还能再试一次吗？我觉得这个角色可以这么演……

绝望的时候她也会问，真希望有个人会教我怎么做。可不会啊，那个人只能是自己。她像孩子一样大声哭，把所有的痛苦释放过后，她又变成了重新准备拼命的人。

她说她所有的辛苦，只是为了得到一个角色。为了那个角色，为了名字可以贴在女主角的位置，所有的辛苦都值得。

当上帝把你逼上绝路的时候，就是你成功的开始。最后那一幕，她站在舞台上大声呐喊，向全世界告知她的骄傲，她是一个演员。

如果世间上真的有免费的午餐，那她一定是被生活折磨了千万次之后所换来的。

西南交通大学博士生周琴，获得博士学位一等奖学金之后，发表过一段获奖感言，她说："世上没有不劳而获，但有一种情况，那就是乞丐，四处向人乞讨，获得他们想要的，但是他们必须出卖他们的尊严。

资料上显示，她已经连续获得三年的奖学金。天知道获得一份国家奖学金有多么艰难！那种艰难常人难以感受到，但还是有人做到了。

世上哪有什么不劳而获，有的只是埋头苦干而已。

没有简单的痛快，只有复杂的痛苦。想要拥有的东西，就要自己努力去争取。你想要的包包口红，你想要的名车豪宅，你想要的事业风光，都需要你自己全程投入进来，才可能获得。

若成功都那么简单，快乐来得那么容易，想必世界上也不会有那么多抑郁症患者。

你要记住一句话：那些想不劳而获的人，最后都会被生活打回原形。

心有方向，未来不迷茫

大多数人都经历过迷茫期，只是有些人已经走出了迷茫误区，有些人还在迷茫里挣扎着。

因为我们想要的太多，而自己能力欠缺，不免成了迷茫的一个最重大的因素。

前一阵子，朋友给我留言，说无论如何也要帮她加油打气，帮助她早日脱离迷茫的苦海。

从那时开始，她每天都会定时向我汇报她的行踪，去了哪里哪里面试，薪资、待遇、发展前景如何，等等。她大概面试了不下20家公司，但居然没有一家是自己想要去的。

现在想想，一家公司再怎么小，总有它的学习之处吧，关键还是自己把不住心里那条脉。

她甚至还换了一座又一座城市，短短一个月内，换了三座城市，皆因工作的问题。在第一座城市里，面试了七八家，不尽如人意，换到第二座城市。但又几乎跟第一座城市的心境一模一样，失败而归。接下来，还是一样的结局。

她跟我说，她很焦虑，很着急，不知道该往哪下手为好了。

跟她聊天过程中，知道她找了两个方向的工作，一个是人力资源岗位，一个是培训管理岗位。她意向中的工作是往管理岗位的方向走，但走得不够坚定。如果是人力资源岗位给钱稍微多一点，她的心里的那杆秤就要稍微偏一下。

如此以往，左右摇摆，三个月过去了，都没找到一份适合自己的工作。看中眼前的利益，把自己心中确定好的方向都给模糊掉了。

其实如果确定培训岗位，哪怕前期钱少一点，也无所谓，起码心中有个方向，会向着那盏明灯走过去，即便慢一点也无关紧要，起码心里不会再慌张。

太多人就是当下的贪婪太多，能力又不足，认不清当下形势，所以才变得像一头迷路的羔羊般乱跑乱撞。

寓言故事《谁动了我的奶酪》里，就讲了一则关于迷茫又耐人寻味的故事。

故事里的主角是两只小老鼠嗅嗅和匆匆，两个小矮人哼哼和唧唧。

他们生活在一个迷宫里，寻找奶酪，奶酪就是它们穷极一生找寻的东西，也可以把它比作为我们理想中想要的东西。

它们误打误撞，几乎在同一时间里，找到了一个储量丰富的奶酪仓库，但好日子并没有过多久，奶酪无故消失了。

生活的磨难最能考验人心，对它们来说也一样，困难面前最能暴露人的心性与态度。嗅嗅和匆匆在第一时间出动，准备出去寻找奶酪，并且一直坚定自己心中的信念，在黑暗中寻找，经过努力，很快就找到了更好更丰盛的奶酪。

而哼哼和唧唧则半天犹豫不决，一方面无法接受残酷的现实，一方面想行动却又踌躇不前。

但唧唧在经过激烈的思想斗争之后，觉得自己应该去试一试，才能改变现状，他也推动自己去往美好的方向前行，穿上久置不用的跑鞋，重新冲进了黑暗的迷宫中。

而哼哼则待在原地不动，不去寻找方向，继续待在原地迷茫，像怨妇一般感慨自己的人生。

生活中如同哼哼那样的人有多少呢？不想行动，又期待美好如期而至，恐怕那只能存在于睡梦中了。

像嗅嗅和匆匆那样的人，无疑是幸福的，他们大多先确立好自己的方向之后，可以摒弃杂念，一往无前，直到达成目标。

人最害怕的不是迷茫，而是在找到方向之后，依旧迷茫。不去战胜它，反倒被将上一军。

短暂的迷茫不可怕，但一直迷茫就要深刻反思自己了，毕竟，人的青春都是有限的。迷茫无外乎一种，不明确自己要什么，即便知道，但没有足够的信心去把这件事坚持下去，看不到未来的答案，很慌张。

于是各种各样的迷茫全都显现出来了，甚至连去留哪一座城市，都成了最基本的问题。

我前两年也迷茫过，内心非常忐忑，怕自己在无所事事中把时间耗掉，一点成绩也没获得，还有一方面就是怕自己一直这么下去，整个人生就颓废掉了。

后来知道不能像无头苍蝇那样继续下去，于是一焦虑就看书，什么书都看。心理学，文学名著，都照看不误，那一阵子心情平静了许多，有时候你没有刻意要找的答案，忽然在书里的某个醒目处，给露了出来，给你一颗甜甜的糖，让你继续往下走。

　　边看边写，行动多了，方向渐渐确立，迷茫递减，机会也越来越多。写得多了，熟悉了起来，别人知道你会写能写之后，都有意无意的请你帮他写点什么。

　　渐渐在写作中找到了自信，仿佛也看到了通向未来的那条路，即使很遥远，也总算能安定的往前走了，多了一颗定心丸，内心不再是充斥着迷茫与害怕。

　　怕什么迷茫呢，路走得多了，自然就有了方向，不要害怕被撞得头破血流，反正年轻，多撞一撞也没有太大关系，年轻伤口愈合快。

　　在摸索方向的同时，竭尽全力地付出，就是对你当下最大的肯定了。

　　我记得有人说过这么一段话，大意是：迷茫真好，起码代表着她（他）还年轻，有足够的时间去迷茫。言语中，还带了一点羡慕的意味在里头。可见，享受迷茫的过程吧，迷茫是人生常态，是每个人的必经之路。但迷茫时，也要记得行动，不管做任何事情都好，它能使你变得充实，让你觉得自己不是无用之人。一旦自己给了自己足够的信心之后，你能迅速投入到角色里，锁定自己的目标，去奋斗。

　　你跟我都一样青春过、迷茫过。但我们的区别在于，我行动，我不会一直迷茫；你迷茫，但你一直不行动，所以你一直迷茫。

　　你要知道，心中的方向不是一下就能明确得了的，一定是边走边摸索到的。记住这句话啊："自我塑造，过程虽然很痛，但最终一定能收获一个更好的自己。"

别回头，往前看，撸起裤腿奋力跑吧。

你并不特殊，你亦非上帝的宠儿

没人是例外的，上帝是绝对公平的。这里所指的公平是指一个人无论多么平庸，又多么有天赋，如果不付出努力，都将一事无成。

也就是说，一出生就拥有某种天赋的人，如果他不付出自己的汗水，去呵护他所谓的天赋，无论他的才华有多么深厚，最终也会渐渐失去的。

这个规则，自始至终，都无法打破，也永远无法改变。

村上春树在《挪威的森林里》写过这么一段话：世上是有这种人的，尽管有卓越的天赋才华，却承受不住使之系统化的训练，而终归将才华支离破碎地挥霍掉。

简而言之，就是一个人光有才华没有努力，是万万不够的。

所以，他用他的笔来惋惜他书中的女孩。那个天赋极高，极会弹钢琴的女孩，她因为受不了系统化的训练，因为舍不得下苦功夫。所以会弹钢琴的手，渐渐变得麻木，那曲子听上去，也不像往常那般优美。她的那点儿才华，四分五裂，不复存在了。

他在书里强调，即便一个人多么有才华，一开始多么让人拍案叫绝，也要一步步扎实地练好基本功。只抽出一半的时间来练习，把剩余的一半懒散掉，那都是行不通的。

段落结尾处，他还不忘自我揶揄一番，说他曾经也是那样的人，但因为老师管教严格，才没有落得那般境地。

的确如此，我们又何尝不是这样呢？因为自己的一点天赋，骄傲自满，以为自己是世界上最特别的那个。一出生就自带闪光体，赢得了别人没有的东西。

然后把仅有的那点才华，一点点挥霍在无形中，最后重新开始起步时，又因为懒惰，不得不再次放弃那个想法。

这样的事情，从古至今，毫不例外。

北宋诗人方仲永，被别人称之为神童。别人还认不全字的时候，他已经学会了作诗，挥笔而就。这个神童，深得人心，连秀才都会前来欣赏他的佳作。他五岁会作诗的佳绩，越传越广，人人夸奖他，赞誉他。

但他因为一直不断地"输出"，没有"输入"，他一直没有学习，没有系统化，所以那几年中，他无丝毫进步。

最后，他还是从神童落得一个农民的身份，他的天赋渐渐被平庸取代。

他享受那种愉悦，享受不用付出，即可收获满满的过程。自然，异于常人的才能，最后只能重新变回常人。

谁又是上帝的宠儿呢？谁也不是。

谁也不该为自己拥有的那么一点天赋，骄傲自满，目中无人，以为你的天赋可以像恒星那般永久下去。如果不将天赋系统化，那都是短暂的，昙花一现的。

当然，如果你无任何天赋可言，那么勤奋就是你的保护伞，就是你的发光体，你可以靠它取得胜利的果实。你不要为眼下暂时的困难，自怨自艾，以为全世界都离你而去，生命无光彩之处。要知道，上帝不会独宠你一个，也不会独弃你一个。谁也不会偏爱谁，你更不例外。

你的那点天赋，如果不勤奋下去，照样也会在光照下黯然失色。

我喜爱的女作家严歌苓说过这样一句话："聪明人用的都是笨方法。"

所以，即便她出生在书香世家，即便她拥有极好的天赋，她依然刻苦努力。早年她进入文工团，练习舞蹈的时候，她可以四点起床练功，把腿撕裂成一条线，搭在高高的窗枢上。

这段经历，在她的小说《灰舞鞋》中有描述过："看上去被绑在一个无形的刑具上。"

后来她进入写作行业，依旧把那股韧劲发挥得淋漓尽致。

三十多年来，每天伏案的时间不会少于六个小时，天天如此。

每写一本小说，她都会翻阅大量的资料，投入大量的财力及时间，就是为了不让自己的文字有一丝粗糙的地方；

她写《梅兰芳》，不光对梅兰芳本身有了透彻的了解，还把整个京剧的发展史研究了一遍；

写《金陵十三钗》，她把南京大屠杀的历史彻底研究了一遍，走访了许多经历过战役的人；

写《舞男》，她就直接去舞厅里与别人共舞，看他们的一言一行，看他们每个动作的神情；

写《妈阁是座城》，她去澳门赌场，伪装成赌徒，混了好些日子，输掉了 4 万块；

写《第九个寡妇》，她去农村种地、挖红薯，与农妇住窑洞、聊天，体验农民生活；

写《最美老师》，她去五所不同的中学当"卧底"，揣摩中学生的心理及生活方式；

写《扶桑》，她阅读了几十本华人历史书籍，深刻描述了女性心理；

写《小姨多鹤》，她花一半的稿费去日本走访、调查，赋予了多鹤不一样的生命体。

但凡出自她手的作品，大多都被导演争相买来改编成了影视剧。她的天赋和勤奋才造就了一个不可复制的她，也成就了许多令人感动的伟大作品。

哪一种成就是她走了捷径换来的呢？她只不过比别人更努力，更用功，更舍得钻研而已。

她有才华，毋庸置疑。但是她从不懈怠她的才华，她只会更加完全地系统化，不断升级，不断优化完美，去缔造一个又一个传奇。

她说，一个有才华的人，如果不勤奋，可能也只会实现一部分的自己；没有才华的人，勤奋起来也可能实现一部分的自己。一个有才华的人，实现自己的抱负可能不完全取决于勤奋，但勤奋却是唯一能够使他走到最后辉煌的条件。

多么棒的一句话，勤奋却是唯一能够使他走到最后辉煌的条件。

曾经看过一个事例，湖南"脑瘫学霸"莫天池，同时被美国六所高校录取。他拿到了美国纽约州立大学石溪分校计算机专业的博士全额奖学金，获得新泽西理工学院信息系统专业的博士全额奖学金，以及纽约州立大学水牛城分校英语教育专业的硕士录取通知书。

人人都说他是天才，说上帝在哪里关上一扇门，就会在哪里为他打开一扇窗。因此他才会有那么高的智商，因此他才会获得那么好的成绩。因为他异于常人，身体有缺陷，所以他是神童。

果真如此吗？自然不是。每每听到这样的话，他的父亲就会站出来反驳：没有什么天才，没有什么神童，他就是一个普通得不能再普通的人。他只是比别人睡得少，学得多而已。

他的父亲怎能容忍别人轻描淡写地说自己的儿子什么都没有付出，就得到了别人望尘莫及的东西？自然不能，那是对儿子勤奋的一种亵渎。

他必须站出来发声，必须告诉世人，儿子是一个意志力足够坚强的人。面对病痛折磨，面对人生风雨，都是如此。

莫天池每天除了吃饭睡觉外，便是趴在书桌上，他的成功，就是两个字，不断重复，机械地重复，枯燥地重复，仅此而已。

他属于那种不是自带才华，但足够勤奋的人。

哪有什么天才？天才只不过比你更用功而已。即便它某个领域带着那么一点天赋，但若不听村上春树所言，不把它系统化，才华都会支离破碎掉。

你知道的，任何才华在懒惰面前都会变得极其脆弱，不堪一击。

自然，无论你是哪种资质，都离不开勤奋二字。只有足够勤奋的人，才配当上帝的宠儿，才能受它眷顾。

不轻易放过自己

我见过几次老王。

我们可以淡淡地称之为朋友，也可以浅浅地称为师徒。老王不是市场俗气的老王，相反，他是在行业里乃至生活中都"珍贵"的老王，他有很多头衔，在这里不过多介绍。北京的很多产业，都在他旗下。他涉足了各种不同的领域，每一块领域在他的布局下，收入都非常可观。

因为他也同样喜好文字，因此与他有过几次接触。能看得出来，他喜欢跟我交流，因为我会说故事，他喜欢听我讲故事，例如历史，例如传记。我也喜欢跟他交流，因为能了解到一些平常接触不到的信息。

老王54岁了，以他的经济实力，按道理他完全可以收山了。一壶茶，一双眼，足够他做世界的旁观者和逍遥者了。

但他偏不，生命不息，折腾不止，反而加大进攻。

从未涉足过咖啡行业的他，最近开始折腾起了咖啡。在三里屯看中了一个一百多平米的店面，加盟了一个韩国品牌。

不论平常多忙，他每天都会抽出部分时间来咖啡馆看看情况，跟店长交流一些小细节。很多琐碎的小事情，他都会亲自参与。

例如花如何摆设，会更有冲击感；桌椅的空隙应该留出多少，客人会有舒适感；灯光的饱和度或亮或暗，会有温暖感；饮品的温和度，会不会影响口感。

这类问题，他都会做最后把关，极其注重细节。

刚开业的那段时间，他几乎天天会泡在咖啡馆里，把会议场所也定在了那里，方便他的眼睛和嘴巴可以随时"出窍"。

老王不是你们想象中"土豪"级别的人物，他是个"高级"的人，足够自律。从来不用别人催促，他自己便是自己的督促者。几十年来，习惯从不更改，雷打不动。

他的爱好很满，他的生活也很满。

他一天的时间，可以划分为几小截，每一截都不浪费。

每天 6 点起床，边吃早餐边学习英文。7 点半到达办公室处理公司大小事务，午餐一个半小时。

下午两点至三点，他会准时出现在昆泰 5 层的健身房里，与他的老伙伴在乒乓球的战役里决天下，挥汗如雨。或者恰逢周末，我也会去跟他决战几回。

其余时间他照常工作。

周末请中央美院的研究生来指导绘画，讲述名画里的精髓。

有时候我会开玩笑说："王老师，您用得着这么逼迫自己吗？您这个年纪完全可以享乐，不用让身心那么劳累，该适当歇歇了。"

每每讲到这，他就会微笑。但他的眼神告诉我，他可不会那么轻易放过自己，用他的话来说，他还年轻。

其实熟了一点之后，老王跟我说过他年轻时创业的经历。他说那时的他才是真正地苦，是钻心的，是撕肺的。现在算不得什么，现在只是在追求曾经想拥有的东西罢了。

一个有追求的人是容不得生活有任何瑕疵的，也容不得生命有任何缺憾的，所以时间满是一种幸福。

他后来说，要把自己曾经开的那些餐饮、连锁酒店再扩大，那些店面的元素都由自己来设计。

你看看他的野心，哦不，看看他对生活的热情，多么值得我学习。

跟他接触的次数越多，越觉得自己无用。有时暗暗想啊，我那么年轻，过得跟 60 岁的人没什么差别，没有斗志，没有爱好，没有思想，更加没有理想。

人家明明快 60 岁了，依旧生龙活虎般有力地活跃在每个场所里。

或许于老王来说，每一个瞬间都是珍贵的，不管是工作的忙碌，还是生活的忙碌，都跟年纪无关，所以他倍加珍惜，享受每一个过程。

他现在的年纪，他现在的阅历与学识、金钱或地位，都足以让他终日"无所事事"，但依照他的性格是不会那么做的。

如若现在的他那么做了，那么过去的他就无法成就现在的他。想必他年轻的时候也经常跟自己这般较劲。

当然，现在的他依旧和往常一样匆忙，但每一场匆忙都像奔赴下一场快乐。

能看出来，他很开心，很满足。

说起老王，说起绘画，我不得不想起那个在中央美院学国画的女生，那个高高的，瘦瘦的，笑起来甜甜的女生。

可以称她为学霸，永远的第一名。同学眼中看到的她，跟我看到的她，是不一样的。

同学眼中的她，无限上进，无限拼命，源源不竭的动力，看不到她停下脚步的时候，也没听见过一丝抱怨。

我眼里的她，依旧上进，依旧努力，但因为是朋友的关系，她会偶尔跟我讲一讲她的奋斗史，以及她的心酸感，也会听到她说累、压力大等字眼。

我能够体会到她的心情，那是一种绝望里带着希望的复杂心情。

她除了学习之外，还有两份兼职，几乎没有一天是闲着的，不，几乎没有一刻是闲着的。

重大考试前夕，压力太大的时候，她会找我喝酒，说帮她减减压，我自然同意。借着酒劲，她也会说些"混账话"：去他的考试啊、学习啊，我只想好好休息。

我举杯赞同。

她说太难了，一切都太难了。看着那些难嚼的题目，那些画不完的画，一万次想放弃，但又一万次坚持了下来。

我说那你缓缓，找找乐子啊。她说这不是在寻乐子吗？是啊，把所有的压力堆积到 5 个月以后的那杯鸡尾酒里，一饮而尽。5 个月的痛苦，换来 3 个小时的痛快，她说很满足了。

她抿了抿嘴唇，接着说她不能放松，学校里那些人一个个都想着法儿地超越她。她说她不能，她从小到大受的那些苦也告诉她不能，她绝不允许自己在最关键的时候掉链子。

她永远忙，忙着考德语证书 B1，忙着校内考试，忙着做题看书，忙着去奶茶店打工，忙着给律师当翻译。

偶尔跟我说几声累，然后就是没日没夜地学习。

我跟她一年见面的次数不会超过三次，每次不超过三个小时。再见她的时候，她已经收到了德国一所高校的录取函，那是她梦想中的学府。

她来北京办理去德国的签证手续，我请她吃饭，祝愿她如愿以偿。我说你终于熬到头了，她说一切只是刚开始，然后似笑非笑地叹了一口气。

想必在异国的征程，还有很多新鲜的知识需要纳入进来，那些陌生的脸、陌生的场地就够她摸索一阵子了，何况还有那么多艰难的路需要自己一条条去跨越。

我一直都记得她离开前说的一句话，她说不放过现在的自己，才能让以后的自己过得轻松。

我后知后觉，领悟了一段时间，才把这句话摸透，但总算为时还不晚。

到德国后半年吧，她发来视频，聊天中得知她过得很如意，一切都往她想要的方向发展。我举起我的右手做个碰杯状，假装干杯为她庆贺。镜头那边，她笑得像个孩子。我大声地说："真诚地祝福你啊，用力生活的姑娘。"

你不放过现在的自己，未来生活才有可能放过你。现在对自己狠一点没关系，因为你够年轻，能受得住那份折磨。

人生在勤，不索何获

刘震云说，我们这个民族，从不缺聪明人，缺的恰恰是踏踏实实的"笨人"。

而现在的人，都在努力当一个聪明人，却没有人愿意去当一个"笨人"，当一个聪明又肯下笨功夫的人。

每一次说起勤快两个字，我总是会不自觉地想起我年迈的外公。

外公勤劳，是村子里人尽皆知的。他照顾行动不便的外婆，洗衣做饭，把外婆伺候得像个"小公主"，喜得我外婆经常说下辈子也要嫁给"菊伢子"（外公小名）。

外公勤劳了一辈子，无论是事业，还是家庭。

他是家里的老大，从小就经常跟着父辈去很远的地方干活，把养家的担子挑上了一大半，却从无怨言。

十几岁学习裁缝，不偷一丁点懒，把女人干的细致活学得滴水不漏。

他手脚不如别人那么灵活，有点儿"笨手笨脚"，他就一遍遍不厌其烦地练习。

用空针缝布做中式布扣，练到手心不出汗为止。手工钉纽扣、锁扣眼、扦裤边，这些手工活练习了半年多，手指磨掉了一层皮，他也没叫过一声累。

他知道自己比别人愚钝，吸收也要比别人慢，所以他只得使用笨功夫，勤快点儿，对自己狠点儿，才能收获更多。

村子里的人给他起外号"勤伢子"，跟他同批的人大多觉得自己聪明灵活，仗着那股聪明劲儿，可以偷偷懒。他们不愿意像外公那样，在老式缝纫机面前多待几分钟。

技能自然也就不如外公那么娴熟，后来别人裁缝裁剪衣服，都指名只要外公做，外公的收入自然也就比别人要多上一些。

后来外公还收了好几批学徒，名气也渐渐从村头传到村尾，村内传到村外。越来越多的人知道了他。

他干了一辈子裁缝，没有偷过一天懒，80岁生日那天，他还在用他那台旧式缝纫机给人缝裤脚。

虽然他后来很少出村子，但他的名字却早已传到了千里之外。

立志不难，勤奋不难，难的是有一颗恒心，并持之以恒。换成别人，可能早已死在了半途。

那些资质比较不错的人，如果懈怠勤奋，不系统化，那他同样不会有所作为。但如果一个资质本来就很平庸的人，他三倍四倍地勤奋努力，那他也一定会超过那些"聪明人"。

如果不对自己狠一点，决绝一点，很难想象自己会有一番作为，你也应该学习那句："又笨又慢平天下。"

其实"笨人"有很多好处，起码他们不会一心想着去走捷径，他们大多能脚踏实地，沉得住气，静得下心。也如一个朋友所说：聪明可以给人爆发力，让你跑得比别人快；而"笨"则可以给你耐力，让你跑得更久。

但不论是"笨"还是"聪明"，都需要靠一个勤字，才能摘得人生的桂冠。

有很多人，仗着自己的聪明劲，在前进路上"偷工减料"，而"笨人"呢，在泥坑里完成一次次跳跃，在背地里暗暗使劲。

于是，你就见到了很多类似这样的例子：一个明明很多方面都不如你的人，却突然在某一天考上了重点大学的本科，而你却只落得了一个普通的三本院校。

这也许就是典型的"聪明反被聪明误"吧。笨没有关系啊，我比你勤快，足够勤快，这就比你的聪明要给力得多了。

我也曾经见过身边的同学，高考考了三次才考上自己心仪的学府，当别人在大学准备实习的时候，他才拿着行李跨入大学的校园。虽然比别人晚了两年，但丝毫也不影响他人生中的进展。

因为勤奋踏实的人，不管多晚都不算晚，他照样能沿着自己的道路，不紧不慢地把它走得漂漂亮亮。

我有一个朋友，也属于笨鸟先飞的类型，他不是最有天赋的那一个，也不是最聪明的那一个，但他却是最会下苦功夫的那一个。

他一度被我们评为朋友辈里最勤劳的"能干之星"，一天只睡四个小时，有时忙不完一宿只睡一个小时也是经常发生的事。

他总说他们公司的人业绩都太好了，他怎么追都追不上，因此只能多下点苦功夫。他一天可以给客户打200通电话，方案做不完，就不吃晚饭。

发季度奖那天，小组组长给了他一沓厚厚的人民币，说他是全组第一名，走之前还问他怎么忽然开窍了，能不能传授点秘籍之类的。

倒是他很诚恳地说："因为我比别人笨，所以只能比别人更加勤快，只有这样做，我才能有赢的希望。"

后来他用同样的方法，干掉了小组组长，直线上升，变成了销售部经理。

他说他不会放松，还会继续努力向前，以同样的方法取得更大的成功。

天资不够聪颖的人，只能以一种方法来完成逆袭之路，那就是脚踏实地的勤奋，以一颗虔诚的心走好每一步路，像我这位朋友那样。

笨笨的人没有那么多心眼，他们不太会算计未来，只会勤勤恳恳地走好当下的路。

不勤奋的人生，不足矣叫人生，顶多只能称为"残废的半生"。

要想着光芒四射，要想着心中所想能得以实现，那最好从此刻起就开始做点什么。

你一面什么都不想付出，一面又想获得好的成绩，这不是成了最搞笑的一个笑话吗？要想人生过得精彩一点，你只能不断地去行动。

当你慵懒地躺在沙发上不想起身的时候，杨丽萍正在对着镜子一遍遍地练习舞蹈。

当你沉迷于抖音或朋友圈的时候，王健林在飞往国外的飞机上，又完成了一次海外收购。

当你一次次为自己的懒惰找借口的时候，郭晓冬为了得到一个角色在卖力拼命。

你与别人之间的距离就差勤奋两个字，不要让懒惰害了你的大好年华，只有奋起直追，才能让你输得不那么惨。

成长，就是不断地挣扎

人的成长中，总免不了"狰狞、痛苦、挣扎"这些让人看上去难过的字眼，这几个字似乎就是每个人逃不掉的宿命。

成长的痛苦，在我们身上烙下深深浅浅的印迹，化作一道疤痕，时刻提醒着你，再难也要挺住。

不过人生似乎要面对足够深的痛苦，承受足够多的磨难，才能像蝴蝶那样破茧而出，才能完美成长成一个令人满意的自己。

没有蜕变前，你只是一只普普通通的蛹，要熬过很多艰难的夜晚，才能在某一天的光明里化蝶飞翔……

有人说过一段关于成长的往事。

刚进大一那年，他还是个 200 斤的大胖子，高考的压力丝毫也没让他变瘦，他以为接下去的人生都要那么"油腻腻"的下去了。

他感觉不到任何的激情，对生活也提不起任何兴趣，听到同班女生说要开始减肥，开启舞蹈模式，他也只不过是不痛不痒地笑了一下，因为那些都与他无关。

舒舒服服地躺着不行吗？何必受那一份罪，少掉几斤肉也不见得人生就会开启开挂的模式。

当然不行，那几斤肉全写满了你人生自律的态度，现如今人家交朋友，都要分着挑的。不要说你内在多么有才华，就怕那份友谊或者爱情，还来不及走在你才华的路上，就已经灭亡在圈外了。

但要改变，也不是那么轻松的过程，像他那种没有什么可以刺激到他的人，似乎很艰难。

如果他没有减掉他身上那堆粗厚的肥肉的话，估计在这里，你也看不到他的故事了。

这个胖子说，皆是因为路遥的一本书，打动了他，那本书叫《平凡的世界》，他被少平少安两兄弟困苦挣扎的人生故事震撼到了。

那么艰苦的环境下，两个人从不向命运服软，挺着劲儿往前走，老天时不时一记重锤，他们还咧嘴冲磨难笑一下。

而他作为一个幸福的孩子，却连一点点牺牲和改变的勇气都没有。就在那一刹那，他忽然意识到自己不能再得过且过了，不能再那么没日没夜地颓废下去了，他每天开始晨跑。

刚开始跑的过程是最艰辛的，跑几步喘几下，整个人都快要跑得背过气去，但还是咬牙坚持了下来。

熬了 365 天，他甩掉了 60 斤脂肪，他说他也可以成为更好的人。

当然，舍得花大力气蜕变的人都是好汉。

有人因为一本书，作为人生的支撑点，也有人因为一句话，在烂泥般的人生里，苦苦往前挣扎。

我那个说话都有点打结巴的同学，她就是因为一句"不管怎么样，明天又是新的一天"，坚强地面对了很多事情。

从小她就是受过很多大小挫折的女生：父母离异，没享受过太多的家庭温暖；小时一场流感，落下了口吃的病症。

那时的她并不坚强，也绝不假装坚强，颓废的她只剩下离异后的母亲鼓励自己。

她与这句话的出处，那本书《飘》的主人公一样，挫折不断。但唯一不同的是，《飘》的主人公面对挫折的时候，最先想到的不是难过，而是勇敢面对。而她能勇敢面对烂泥般的人生，是在她看完《飘》的 5 年之后，她反反复复看了 5 次主人公的遭遇。

她用了很长的时间，不去在乎别人的眼光，活回自己，自身的自信，才是强有力的回击别人的重机枪。

后来，与常人无异，考学，留下，工作……

她说长大后的生活就是很累，很难。尤其是毕业决定留在大城市，各种细小的事情不断，面临的工作，找房，一件件累积起来，就不是件很轻松的事情。

每一次面试碰壁，她都不想再去面试下一份工作，每一次租房遇见黑心不退押金的中介，她都永远不想再换住处。每一次受尽委屈，她都问自己为什么要活着。

但每每想到那句话的场景，她都有一种快速愈合伤口的能力，不断地告诉自己，催眠自己，明天又是新的一天，新的一天，可以用崭新的面貌重新开始。

那个有点小结巴的女生呀，只要能长大，能成长，永远都为时不晚。当时的脆弱，过后便不叫脆弱，只要能坚强、能勇敢，你就是天空中那只最耀眼的蝴蝶。

"成年人的一个标志就是，有时候你得忍耐，你得强迫自己，只有经历了这个过程，你才会成长。"

我们都知道，长大后的人生，就是独自面对的人生，不会再像幼时那样，有人告诉你该怎么做，怎么去做。

我们走着走着，总是会遇见很多突如其来的变故，每一次都得自己扛，扛完后要继续走，边走还要边成长。

能想象这是多么艰难的一个过程。

不管是胖子也好，小结巴也好，起码他们都能勇敢忍受当下的苦，去变成一个更好的自己，不说有多大的成就，但于本身而言，就是一件值得骄傲的事情，因为在往最美好的那个方向靠近。

要想获得大成功，就得先从小磨难开始，而忍受磨难是一种习惯，只有经历了才能往更高的方向爬去。

一万年太久，只争朝夕

一万年太久，只争朝夕。大白话也就是说，你要活好当下，爱值得爱的人，做值得做的事，不在时间里沉沦。

看《无问西东》时，有被震撼到。

影片撷取百年时空，四个不同的场景，四个不同的故事，在最美好的年纪，不同的人生，做出不同的选择。

尤其电影开头的那一句开场白："如果提前了解了你们要面对的人生，不知你们是否还会有勇气前来？"更是让很多人感触良多。

或许没有勇气，真的想要退缩，不想假装坚强。

前途是未知的，未知或许不是很美好，当不好的事情发生时，看见的和听见的时常让我们沮丧，扪心自问，有没有勇气前来呢？

其实，如果能提前了解到，又能怎么样呢？我们无法逆转将要发生的事情，只能咬紧牙关，收拾心情继续往前走，我们毫无选择的余地，生活比想象中的要残酷。

但还是希望我们能有足够的勇气，强大的内心去面对那些不好的事情，愿你在困苦的时候，想起你的珍贵，也愿你在迷茫时，想起信念的美好，活在当下，缓慢前行。

很多时候，总是觉得想做的事情，可以适当延期。用下次，或者再下次来宽慰自己，还有很多时间，有长长的未来可以去做。

但其实每一次计划好的事情，一件都没有去完成，拖着拖着就无果了。

例如：

我下班后，一定要……

等你有时间，我们要……

考完试，一定要……

结果就是全部被辜负，想法在心里碎成了渣，无法成行。

有限的时间实在太少，你想做的事，你想见的人，如果不在当下把握住，留给你的时间其实在以分秒倒数计算了。

如果把想做的渐渐提上日程，世界上也许就不会有那么多的遗憾，不会出现那么多假如，也不会出现那么多如果，有的只是不回头向前看的背影和一句无悔的洒脱声。

前年春节，我亲眼见证了一场别离。

在那个小雨淅沥的午后，七十多岁的外婆目送着 80 岁的舅外婆离开，我分明看见外婆干涸的眼睛里淌出一滴细小的泪水。

直到舅外婆摇摇晃晃的背影越来越小，她才用她皱巴的手去揩拭眼角。我清楚，那滴泪水里有说不完道不尽的话。

她说，我们都老了，见不动了。

脚早已不是自己的脚，身体也不是自己的身体了。每次她都把她们的会面当成最后一次，每次都珍惜无比。两只老手重新相握的时候，就像第一次认识，紧紧握在一起。

她们知道，到那个年纪，见一次，少一次，或许一转身就是一辈子。

珍惜当下，才不负彼此。

趁着我未老，你还年轻，我们多重逢几次。也趁着岁月静，山河美，我们多相聚几次。不管目送谁离开，都希望重逢那日不会太久，而重聚时，也希望把彼此当作最后一次来珍惜。不要让目送的眼睛在时光里凝固，等下一场的相聚等得太久。

一万年太久，只争朝夕。

记得有这样一段话："曾经有一份真挚的爱情摆在我的面前，我没有珍惜，等到失去的时候才追悔莫及，人世间最痛苦的事情莫过于此。如果上天能够给我一个重新来过的机会，我会对那个女孩子说三个字：我爱你。如果非要给这份爱加上一个期限，我希望是：一万年。"

这是一段已经被大家反复说滥的台词了。

但不管时至何日，依旧会被世人说起。因为我们总是在不断错过，你来我往。

你二十几岁没有好的工作，没有钱，买不了好房子，不能给心仪的人一个快乐的未来。你自卑，你惆怅，你忧伤，你借酒消愁，你不顾对方的感受选择了分手。

　　而女生并没有嫌你穷，只是你太敏感，如果嫌你穷，一开始就不会选择和你在一起，挤在隔断的小屋里一起生活。

　　待到闯出一点成绩时，功成名就已在手上时，你去闹着求复合，而女生已经不想跟你重新在一起了。

　　你大声喊，房子有了，车也有了，什么都有了，为什么不能没有你。可惜，就是错过了，爱情里，错过的两个人，怎么能像什么都没发生一样，回到最初的起点呢？

　　没错，这是《后来的我们》里面的桥段。后来你们什么都有了，就是没有了你们。

　　周星驰错过了朱茵，众所周知。

　　他在《大话西游》里借着至尊宝的身份，对紫霞仙子说了那一段惊天地泣鬼神的爱情宣言：我爱你，希望是一万年。

　　但生活中的他们却不知是何缘故没有在一起。

　　与《大话西游》相隔了19年后，星爷说了那一句"一万年太久，只争朝夕"。

　　今日人已非当日人，再浪漫的情话也会变了味道。

　　终究成了两人最大的遗憾，你来，我往，却没有往相同的终点走去，人生错开，爱情不再有交集。

　　有些人总是要爱到最后才明白，分手不是简单的别离，而是永久的不再相见。

　　希望你与爱的人莫要错过，双手紧牵，活好当下，也活好未来。

命运给我们的时间又有多少呢？生命中，由各个不同的版块组成，每一个版块都缺一不可。珍惜眼前人，做好眼前事，才不辜负短短这一生。

一万年太久，只争朝夕，且行且珍惜。

每一个重启时刻都需要勇气

人生最难的事情，是重新开始。

例如：

你在某个领域做得得心应手的事情，突然有一天就跟它说再见，走上新的岗位与征程。

你创业失败，你不得不重拾残局，重新低头跟别人借钱，开始新一轮战斗。

你年逾35岁，但没任何技能加身，想要重新学习新的技能，立足于生活中。

你在一座城市生活了很久，忽然想要换一座城市，重新开始新的生活。

······

这些恐怕都是你最难克服的心理难关，如果没有足够的勇气，或许永远也迈不开那一步。

其实，重新开始不可怕，可怕的是从未开始。

想讲一个故事，是关于一个六十多岁的老人。

老人性格内向、胆怯，渴望改变却又不敢改变。她跟别的老太太不同，她们有退休金，她没有，因为她连一份正式工作都没有拥有过。

她的生活就是整日围着继子与丈夫转。如果丈夫足够疼爱她，对她一心一意那倒也没什么。

但她的丈夫偏偏出轨了。

她抛下一切，离开那个熟悉的地方，重新开始新的生活。不难想象，她已经不再年轻，也没有学历，没有工作经验，什么都没有，但凡你能想象到的，她都没有。

当人不依附任何外力的时候，反而能激发她的各种生存欲望。

没有缩手缩脚，没有瞻前顾后，她选择了远行。为了生存，她选择了一份看管废弃娱乐中心的工作。

在远方的路上，她收获到了很多意料之外的快乐，如果不重新开始，也许她完全享受不到这样轻松的生活。

也许她会继续装聋作哑，打理一个不爱自己的人的生活，围着他兜兜转转，看他脸色行事，给自己罪受。

虽然这是《清单人生》里的故事，但它也在告诉你一个事实，那就是重新开始并没有那么难，只是没把你逼上绝路而已，如果像她那样无路可退，你也会没有丝毫顾忌，快步向前，然后完美转变。

重新开始是需要勇气的，但除此之外，你也别无选择。

我在论坛看到过一个问题，提问者是位年轻的妈妈。

她问，丈夫有家暴，是不是应该带着年幼的儿子离开，重新开始新的生活。后面附加了一句，自己没有任何技能，离开职场太久，什么都退化了，如果离开，渣男很可能不会给任何抚养金。

底下一片骂声。

不离难道要留着过年？退一万步讲，往不好的方面讲，就算是因为奋斗死在了外面，也比在家里被揍死要死得体面得多吧。

这话看着简直是大快人心。重新开始没什么难的，自己还年轻，大不了从底层开始做起，要么报班学门技能，扎扎实实的，把自己经营好比什么都强。

重新开始不难，就怕你没那个勇气，有门的地方你偏不走，非要在死胡同里挣扎，卡在里面，怎么都出不来，最后活活给闷死了。

"知乎"上有个问题，看着挺让人感慨良多的。

问：从"211"重点大学退学，1992 年出生，没有毕业证，是重新开始考大学还是就此入底层工作？

作为路人都看着有些伤心，家人如果看到就别提有多难过了。

首先不追究是因为什么原因退学，因为事情已经发生了。来讨论的是重新开始，还是就此找一份随随便便的工作。

问出来这个问题，也不知道大学头一年念的书念到哪里去了。幼稚外加有点笨。

我想说，既然高考那么难熬的岁月都过来了，就不能选择在重新开始熬一次？好歹是过来人了。

不过这不是重点，重点是你从重点大学退学出来，对当年的付出，难免会心有不甘吧。去底层开始找工作，就能跃过那道伤心坎，就不会难过了，就能脚踏实地前进了？

未必，心劲在哪呢？

更何况还那么年轻，人生有无限可能，人家 80 岁都还在自考文凭，凭什么一个二十多岁的人，却没勇气重新考一回呢？

社会不纯真，但希望你纯真一点，简单一点，重新乖乖回去参加考试吧，说不定会考得更好，有一个更好的未来。

有人问：26 岁创业，29 岁失败，负债几十万，怎么找到勇气重新开始？

首先我想说，不重新开始，你还能怎么办？难道去死？似乎不能，那么重新开始就是唯一的方法了。

创业失败的例子多的是，从来不差你一个，为什么就你要一直萎靡，颓废呢，颓废之后又不敢重新开始站起来呢。

比你创业失败赔的钱多的人也大有人在，为什么几十万你就扛不起呢？或许你会说别人有能力，你没有，既然你没有，当初为什么要选择创业呢？

其实能力是有的，只是大小而已，既然能力摆在那，就选择适合自己的，重新开始。扎实回到工作中去，多吸收创业失败的经验，没什么是走不出来的。

重新开始是给有勇气的人准备的，没勇气的人不配。

当你只有那一条路可以走的时候，你会奋不顾身的往前，你不会害怕，因为你什么都没有。你之所以有太多犹豫，多半就是放不下现在的生活重新开始，害怕失去更多。

没有伞的孩子必须努力奔跑

朋友讲的一个真实故事。朋友同事的远房表弟。

他在一次演讲中，把自己的奋斗故事毫无纰漏地全盘讲了出来，供人听之，学之。

表弟是一个普通的孩子，但没享受到普通人该有的正常生活，因为妈妈有抑郁症，他和弟弟被安排到伯父家同爷爷奶奶一起住。

没有感受过父母的温暖，只知道有疼爱他的爷爷奶奶，但这样简单的快乐也没有持续很长时间，小学六年级那年，爷爷检查出来肺癌晚期。

爷爷的脾气因为病痛的折磨而变得异常暴躁，经常发脾气，不吃不喝闹绝食，身体状况也一天不如一天，所有人几乎全部围着爷爷转，没有人去关心一下他，哪怕连一句温暖的话都没有。

后来爷爷去世，真正贴心的人只剩下奶奶和弟弟。

有好心的邻居来劝告他："明子啊，你奶奶拉扯你们俩很不容易，你妈妈又生病，不要在外面和弟弟打闹惹奶奶生气啊！"

他也是从那时起，意识到自己"不寻常"的经历，他除了弟弟和奶奶，什么都没有，亲情是他唯一的支撑点。

他考一次试，就会得到一张"三好学生"的奖状，他太认真了，认真得让他奶奶都有点心疼。奶奶说他太小，别把自己身体给学"坏"了。

因为他们借住在别人家，除了学习外，他还要干很多农活，割麦子，种玉米，收稻谷，等等，因为做得多，自然就熟练，这些大人们的活计，他都不在话下，伸手就来，娴熟得很。

节假日干完农活回到家里，就是雷打不动地学习。

有些人，从小就知道，没伞的孩子只能靠自己，靠自己生存在当下，靠自己打拼未来。

上了初中，他比以前更加狠，为了能考上县里最好的中学，为了以后把奶奶和弟弟都接出去，他拼命学。

别人晚上 11 点睡觉，他可以凌晨 4 点入睡；别人 6 点起床，他可以 5 点起床。如果你说一个孩子不用对自己那么"狠"，那你就错了。现在狠，是自己对自己的，以后的狠，是从别人那里发出来的。宁愿现在自己对自己狠，也不要以后看人脸色行事。

他如愿考上了重点中学。

高中那三年，他也没有一天犯过懒。其实他也很想偷懒，但每次想到家里的状况，贫穷如一条毒鞭抽打在他身上，让他一刻都不能停歇。

他的上进，多半源自于家庭的苦，如若不是，他反而不会那么刻苦，也许也会刻苦，只是刻苦的程度会减半。

他后来回忆说，在爷爷去世后，他几乎没有童年。他的童年几乎就是在农活与书本间度过的。

他几乎是咬牙切齿地说出这句话：没伞的孩子，只能自己拼命奔跑。

只是奶奶没有享到他的福气，在他念大二那年去世了。

去世的头一天，奶奶隔着一千公里路程用电话告诉他的孙子，让他别回去看她，现在好好学习，以后找到好工作，过好日子，再去她坟头烧三炷香，告诉她。

他哭得很绝望，绝望之后重新捡起了学习，像一头牛一样只管向前耕犁，他顺利毕业，顺利工作。

他站在讲台上，不顾台下一千多号人，哭得泣不成声，把自己的悲喜大大方方地宣泄出来。他说今日的成果来之不易，他站在这里，与这么多人分享他的事例，他很自豪。

他是众多普通人家孩子中的一员，又何尝不是和最初的我们一样，只是他更懂得没有靠山便只能靠自己这句话。而其他人只是懂，却不愿意去"得"。

什么人更容易成功？那就是比你能吃苦的人。

没伞的孩子何其多？我们都只是普普通通的人。只是有些人懂得要靠自己，才能努力为自己撑起一片天。在弱肉强食的社会里更是如此，没伞的人注定只能靠自己遮风挡雨，好心的路人终究不能陪你到终点。

你是你自己的英雄

哪一瞬间，让你觉得你成为了自己心中的盖世英雄？

圆圆说是她在北京坚守的那一年。

那一年她独自北上，找了很久的工作，一直没有合适的，压抑了很久，紧迫感、危机感，负能量爆棚。那时的北京，一点都没有自己想象中的美好。

但是，来了也不能再拿起行李离开，想想怪丢人的。于是生挺了下来，后来她在一家互联网公司找到一份实习的工作。

一个月的工资税后 4000 块，不高，但还算满意，周末有足够的时间可以做自己的事情。

只是偶尔也会生出一点点虚荣心来，看到公司同事涂不同款式的口红、背最时髦的包包，她常常会一阵艳羡。

想到自己到手的那 4000 块，交房租，吃完饭，便所剩无几了。北京啊，把年轻的姑娘剥夺得体无完肤。

她忽然觉得 4000 块满足不了她对生活的欲望，要加把劲儿才行。周末的时间她用来投资学习，每次主动加班到 11 点。

她没什么大目标，其实那会想的就是，自己有能力了可以买下自己想要的东西。

周围的朋友看她那么拼命，悄悄告诉她，找个男朋友就什么都解决了。如果什么事情都能靠别人解决的话，估计这个世界上，有一种叫"自我价值"的东西就不复存在了。

她在那家公司待了小半年，成绩蹭蹭上涨，薪水也蹭蹭上涨。她拿着自己的薪资卡，走向新光天地那座高档商区的时候，心里笑出了声：凭自己的本事得来的东西，比当盖世英雄还要爽。

没有一帆风顺的人生，很多突如其来的变故，或许在一瞬间都压在我们年轻的身躯上。

当不好的事情发生时，没有孙悟空的筋斗云，也没有如意棒，只有自己变成那个可"降妖伏魔"的英雄，才能让自己再度坚强起来，让余生好过。

只不过，有人活成了自己心里的英雄，也有人活成了两个人的英雄。

生孩子那年，她大出血，情况很危急，医生刻不容缓地抢救着。她躺在手术台上，眼皮重重的，想要努力撑开，却总是有东西在拼命拉扯她的眼皮，想让她闭上眼睛睡觉。

那一刻，她从快要闭眼的细缝里，看见刚出生的女儿，瞪着圆溜溜的眼睛，吸吮着自己的双手，她忽然觉得自己不能睡了，她都还没有好好抱抱她的女儿。

一个信念支撑着她，让她疲惫的灵魂有一个落脚点。在人生最关键、最艰难的时刻，那一眼让她挺了下去，让她成为她们彼此心中的英雄。

怎样才能成为自己心里的"盖世英雄"？它是无形的。它并不是指你要有多么多么能耐，而是指在最关键的时刻，你总是能用自己微弱的光芒为自己点亮一片星空。

曾在"英雄栏"里，看见过这么一个回答。

博主说她患有抑郁症，时不时有轻生的念头，即便"治愈"，也会反反复复发作。

那天，家里没人，她跑去楼下小卖部买了一瓶2块钱的矿泉水，在抽屉里翻出放了很久的安眠药，打算就那么静静地一走了之。

把瓶盖拧开，把药倒了出来，先给肠胃灌了一大口水，原本干干的喉咙瞬间湿润润的。

那一瞬间，她觉得生命是美好的，忽然间觉得不能就那么离开。她把药倒掉，把瓶里的水一口气喝完。哭了一阵，睡了一觉，醒来之后，看见了黄昏的落日红红的，映在阳台上。

她觉得活着真美好。

现在啊，她经常给那些患有抑郁症的人开导，毕竟，"死"过一次的人同那类"特殊"的人群更有默契，更能知道那个"点"的所在。

于是活着活着一不小心成了自己和大家的"救世主"。

有个读者曾经说，他的哥哥在前几年迷恋上了赌博，输光了家里所有的家产，借了高利贷之后就消失了。

他白天在写字楼上班，晚上去 KFC 端盘子，赚来的钱都用来还债。攒了差不多 5 万元的时候，他哥哥出现了，说他"改邪归正"了，戒赌了，他需要一笔钱做生意，重新开始新的人生。

他给了，给他哥哥汇了 4 万。但那次如同刮过的风，之后他哥哥就没有再回来了。

他活成了他哥哥心里的英雄，却成了自己的"狗熊"。但他始终觉得，那是一份亲情所在的责任，连着筋，通着血液，逃不掉，也不会逃。

总有些事情，你努力走着走着就看到了希望，在绝望中一不小心就活成了自己心目中的小超人。

见过很多人，他们都在很努力地生活，很努力地想成为自己心里的英雄。哪怕是极小的事情，都想尽自己最大的能力做好。

因为知道，只有自己做自己的盖世英雄，才能让自己的心如同服下一颗"定心丸"般安稳。

但很多时候，不是所有人都会踏着"五彩祥云"拯救你，你要独自面临黑暗，面对山洪，你要一人面对千军万马，你只能做自己的盖世英雄。

什么是盖世英雄？那就是你不需要为世界撑起一片天，但你要能为自己撑起一片天。

成为更好的自己，遇见更好的人

想讲一个故事。

以前租房的时候，隔壁住了一对情侣。他们很恩爱，没事经常当众撒把狗粮。女生下班早的话，经常会弄几个男生喜欢吃的菜，然后等着男生回来吃。

有一次我下班回来，正巧碰见他们在客厅吃饭，女生热情地叫我一起吃。我婉言笑拒，正拿钥匙打算开房门，却听见背后男生很小声地对女生嘟囔了几句。

于是，我突然回头对女生说，要不还是尝尝你的厨艺吧，说着就自己拿碗筷坐了下来。其实我根本就不饿，正值天热，什么都吃不下。

忘了说，男生是个很小气的人，几块钱电费都会跟你扯皮的那种。这不是重点，他性格不太好，经常会对女生吆来喝去，动不动就大声责骂。

那些恩爱，其实也只限于在人前，关上门后，粗嗓门暴露了他们爱情的本质。

既然男生怕多吃他家一块肉，那我索性就腾腾胃，刻意多吃了几口菜，吃完后笑着跟女生道了谢就回房了。

那天晚上，我再次听见了他们的吵闹声，因为什么，不得而知。

半夜起来上厕所，打开门，发现女生一个人蜷缩在客厅，把脸藏在手后，偷偷抹泪。

我蹲下去安慰她，把她拉回自己房间里，问她怎么回事。她说因为晚上叫我吃饭，男生怪她多嘴，多说了她几句，她反驳，于是就动手推了她几下。

她说那样的事情其实已经不止一两次了，言语暴力、行为暴力，次次都没少。

我问她，为什么不离开她。她说离开了怕自己找不到更好的人，她清楚自己条件也不是那么出色，赚的不多，学历也仅仅是个大专，长得也不那么好看，还有些矮。

说到底，她是自卑了，怕离开这个男生，遇不见更好的，怕没有人娶她。所以宁愿委屈自己将就着过，也不想洒脱地离开。

一个女人卑微到这种程度是很可悲的。

那男生就很好吗？并没有。不管外在条件多么优秀，首先对女生不尊重、不怜爱，暴力相加，这就是最大的不好，男人里最大的败类。

很想对女生说，大胆地离开吧。女生在爱情里，一定不要委曲求全。如果觉得自己不够优秀，就要努力变得优秀。

学历不够高，完全可以在工作之余抽出时间来学习。在家里柴米油盐的时间，不如都拿来用在工作上，多赚一笔钱，从外形上塑造自己，在过程中提升自己。

如果知道自己糟糕不愿意去改变，还把那种糟糕一并带进生活里，无疑，那只会越来越糟糕。

只有当自己变得足够优秀，你才会有更多的机会，去接触更好的人。眼前这个人，他一万个不配。

只有成为更好的自己，才能遇见更好的别人。在没有遇见很好的自己前，不要着急遇见更好的对方，因为这对自己不负责，也对对方不公平。

身边不乏单身的人，他们并不是不想恋爱，一是缘分没到，二是还想让自己变得更优秀些，等缘分来临时，自己可以牢牢把握住。可以更好地爱对方，也可以更好地爱自己。

我有一个朋友，32 岁，未婚。

她身边的同龄人大多都结了婚，生了孩子，有些孩子都已经有好几个了。

她身边的亲朋好友都替她着急，怕她再拖下去找不到如意郎君。但她自己一点也不急。

因为她有足够的资本。有一份体面的工作，每个月的薪水除了自己日常消费之外，还能攒下一大部分来。房子、车子，早就凭自己本事买到了手。

除了投资学习外，她还经常投资自己"形象"，瑜伽、游泳、钢琴、德语，一门不落。

走在街上都能晃眼的女人，但只要你没结婚，无论你有多少优点在长辈心里都是做不得数的。

但她没关系啊，因为她足够优秀。足够优秀的人，好的爱情也会闻着味道追来。

34 岁那年，她遇到了她一生的白马王子，那个男人是个实力企业家，看中她的独立、她的思想。

婚礼上，他说他心甘情愿让她管一辈子。一个男人能甘愿说出这种话，恐怕也只能是足够耀眼的女人才能让他做到了。

你已经是很好的人，你就不用害怕好的爱情不会到来，因为最好的都留在最后。

我们小的时候，很喜欢说一句话，我要成为谁谁谁。长大了，经历了许多之后，才发现那都不重要，成为更好的自己才最重要。因为只有变成了更好的自己，你才能遇见更加优秀的人。

坚持，就能看见曙光

不瞒你们说，我也算是个励志少女。

当初为了学会游泳，硬生生捏着鼻子，呛了好几肚子水，把自己呛得半死不活，最终才学会了蛙泳。

这期间，我有过多少次想放弃的念头？每次下水呼吸的时候，想放弃；动作不规范，教练瞪我一眼的时候，想放弃；每呛一次，想放弃；呛两次，想放弃……

一边想放弃，一边在咬牙坚持，难道这不是人性可赞可颂的一面？用毅力打败了魔鬼，取得了胜利，活生生的励志片，我都为自己骄傲。

好吧，我坦白，其实我也没有自己说得这么伟大，我其实是心疼我交的1000多块钱的学费，如果不学会，钱就打了水漂，白扔了。

钱给了我一个动力，告诉我要坚持下去，只有学会游泳，才不会白白辜负自己挥洒汗水赚来的辛苦钱。

事实证明，有时候坚持一件事情，可以没有那么多宏伟的理由，但是，当想要放弃的时候，也请记得自己当初要坚持的初衷和放弃后会带来的后果。

而学会游泳这件事，或许不是一件多么了不起的事，但它能改善我的身体素质，使我拥有比例匀称的身材，这就是我坚持的目的。

以为我的励志大片放到这里就完了？非也。游泳这事还不是我坚持得最厉害的一件事情。

我最励志的是背唐诗。嗯，你没看错，背唐诗300首。

前年，我邀请一个朋友跟我一起背诵，她是一名光荣的语文老师，是跟我一起背诵唐诗的最佳伙伴。

我们约定每天背诵一首，检验的方式就是每晚睡觉前给对方发送语音，是朗读还是背诵就全靠自己自律了，当然，也没谁会为这点小事耍上一点小伎俩。

前10天，她还在一直坚持背诵，每天照常发语音过来。第11天就玩起了消失，我通常背诵完，等她回复的时候，她已经"石沉大海"了。

我坚持到第88天的时候，忽然收到了她的一条回音：你是不是傻啊，就是闹着玩一玩，你还当起真来了，以后别给我发了啊……

当然，我没给她再发了，但我自己还在默默坚持。等到

106 天的时候，她主动给我发来了消息，问我还在坚持吗？我说是啊，还在坚持。接着吧啦吧啦一堆赞美的话，我就一一略过了，省得说我骄傲。

她问我让我支撑下去的是什么，我如果说用意念，那简直是太敷衍了。

我说为了说话不语塞，写字不困窘，沈从文当年写作，还时不时翻圣经，就好比唐诗，或许也能为我带来很多改变。我说这些的时候，恍惚都能看见我优雅地在与别人对话，妙笔生花地写着字了，我告诉她，这些都是我坚持的理由。

而要想达到那一境界，我每晚必须睡觉前牺牲刷微博，刷朋友圈，跟人斗嘴的时间，来恶补我以前错失过的大好年华。要想美得与众不同，就要苦得与众不同。

虽然我现在还没达到很厉害的程度，但我两只脚已经走上了征程，前面的路是什么不清楚，但我向着光亮的地方奔跑，总会有一扇窗迎接我吧。

其实，除了我以外，我身边也有不少能坚持、有毅力的人存在，例如小花。

小花是个胖子，她以前也很瘦，才 90 斤。后来失恋，胡吃海塞，就变成了 120 斤，那多余的 30 斤膘一直挂在她的肚子上，跑来跑去就会不痛不痒地晃几下。

她每天都对我说，要减肥，然后再叨叨两句，责怪她的前男友，要离开了还不忘这么狠心地折磨她。

　　但说归说，一次都没拿实际行动出来证明过。为了尽一个朋友的责任，我很有必要阻止她再这么放任下去，于是告诉她，你再这么毫无节制地吃下去，青春都会被你吃垮，再也找不到小鲜肉了。

　　说这话原本是想刺激她，没想到她根本就不在乎，头一扭继续干她的事情去了。后来我就干脆不管她了，胖就胖吧，反正跟我也没关系，丑的也不是我。

　　后来她给我发消息，说她不是不想减肥，而是她坚持了一阵，发现根本减不下来，很艰难，喝口水都胖的人，肉一上身，再掉下来就难了。

　　不过她接下来的话比较令人欣慰，觉得她还有药可救，她说无论好歹还是要试一试，毕竟，为了小鲜肉，为了比基尼，还是要豁出去一回的。

　　那一阵子，小花对自己是真狠，怕长肉，渴得连水都快戒掉了。不管一天忙到多晚，都要去健身馆里泡一泡。

　　有次我去看她，她边跑边喘，话都接不上。我看她那么累，打趣着说，要不小花你放弃得了，人生难得几回乐，怎么开心怎么乐，别把自己弄得那么辛苦。

　　她给了我一个大白眼，接着跑，接话也接得断断续续的。她说要跑啊，跑下去，天才会亮。都已经在坚持了，中途放弃就前功尽弃了，那未免也太傻了。

　　小花减肥期间，对美食很克制，我每次大快朵颐的时候，她都在偷偷地咽口水，但递给她，她却绝对不会要。

那次我在小花身上看见了难得的优点，那就是当别人怎么在你身边，扰乱你计划，各种诱惑你的时候，你还在坚定不移地坚持着你的目标。

要知道，前行的路上肯定会出现很多人对你进行耳语。而你，始终要与你的初衷"统一战线"，以一致的步伐，才能到达终点。

后来，我每见一次小花，她都会有点细微的变化，一直到她瘦回 90 斤的时候，我才把我一直想说的话告诉她：小花你真了不起，并不是所有的胖子都有毅力变回一个瘦子的。

谁都知道，要做成一件事，努力很难，但除了坚持，也别无他法。

当然，以上举的小例子都只能映射出生活里坚持的一小部分原理来。因为生活里远远不止这些小小的磨难，更大的考验或许在你不经意的下一个阶段。

黑夜与黎明之间就相隔了一条路，既然跨出去了，就不要回头。试想，你若回头，势必还要重新再受一次黑暗的折磨，有这工夫，还不如咬牙往前狂奔呢。

NO.3 越自律，越向上

　　唯有身处卑微的人，最有机缘看到世态人情的真相。一个人不想攀高就不怕下跌，也不用倾轧排挤，可以保其天真，成其自然，潜心一志完成自己能做的事。

——杨绛

有些人，那么努力只为活着

朋友圈里的一段视频，曾火过很长一段时间。

视频的内容是，一位妈妈在地铁站，大声责骂5岁的儿子，一边推一边骂，完全不顾旁人的眼光，骂得极为专注。

大家了解真相后才知道，她大声责骂，皆是因为儿子弄丢了一张5块钱的地铁票。她一直强调的是："怎么办，急死了。"一脸绝望的样子。

短短不到两分钟的视频，却让人看得一阵揪心。你永远都不会想到，有人为了5块钱在歇斯底里地打骂儿子。

很多人都在说，至于吗，5块钱而已，再买一张就是了。

但你知道吗？她一个月的工资只有900块，给人家做钟点工，8块钱一个小时，有时候连900块都赚不到。婚姻是离异状态，一个人拉扯着儿子，需要处处算计才能不饿肚子。别说5块钱了，连5毛钱她都得精打细算。

她在骂什么？那5块钱很有可能是她们一天的生活费。

她内心多么难受，也许别人永远不会懂。这世界上，你看不懂的艰辛与不易，远比你想象中的要多得多。

在生活里无奈，出尽各种"丑态"的人，又何止她一个？

前一阵子，同样被别人疯传的一段小视频，视频里那个外卖小哥，不也是一样吗？

他冒雨送餐之后，下楼却发现电动车不见了，看到这一切后，他站在雨里掩面大哭，脸上分不清是泪水还是雨水。

他哭什么？哭他的下一单不会及时送到，没有五星好评，就不会有奖金，甚至还要被人投诉。哭他丢失的电动车，必须要从自己的工资里扣，起早贪黑忙了一个月，很可能意味着白干。

一个年过三十的男人哭得那般绝望，或许只有被生活凌迟过的人才会懂得他内心崩溃的感受。

生活的千疮百孔，你又能看见几个，它处处隐形，却处处存在。看到这里，只想替生活向外卖小哥说一句抱歉，哭过之后，请站起来继续坚强吧。

曾经有人问，你所见过的生活不易是什么样子的？有一个朋友这么回答我。

他说，有一次上早班，凌晨 5 点的街道，他看见一个阿姨手里拿着扫把，靠在一棵树上打瞌睡。

不知道是刚来，还是一宿没有回家，她紧闭着双眼，很疲劳的样子。那时天未明，街道也很静，他路过的时候，都没敢发出很大的声音，怕吵醒她。

那一刻，他觉得生活很艰难。

有一句话叫："有些脸背后，是咬紧牙关的灵魂。"每一个不易的人，都在咬紧牙关拼命地生活。

即使生活艰难，但没有一个人想放弃，哪怕再多的努力只能换来一点点的幸福，为了那一点点的幸福，她们都在竭尽全力。

那个在地铁里，为了5块钱痛骂儿子的母亲，或许只是为了多省下几块钱，多做几个钟点工，让儿子将来上个好点的幼儿园。

那个在大雨里失声痛哭的外卖小哥，也许有一个正上初中的女儿，为了让女儿过上更好的生活，他只能咬紧牙关跨过那个门槛。

那个凌晨打扫街道的阿姨，或许家里还有好几个人等着她吃饭，如果她回家睡觉，那微薄的几十块钱很有可能会被无情地扣掉。

任凭生活再难，都不能被它所击垮。为了让家人的笑容绽放得灿烂一点，一切的艰难便都是值得的。

谢谢你们的坚强，让家人看到希望。

生活有哪些模样？也许都是你看不见的模样。

当你去最贵的酒吧纸醉金迷的时候，有人拿着簸箕扫把，正在打扫街道上的落叶。

当你已经进入梦乡辗转几个来回之后，有人还在拖着疲惫的身躯，拼命赶一份设计稿。

当你在咖啡厅放松闲聊的时候，有人正风风火火地赶往下一个会场。

当你舒舒服服地在午休的时候，有人已经面谈了一波又一波的客户。

清晨的街道，有人刚结束一天的工作回家，也有人赶往公司开始一天的工作。

有人住高楼，也有人住平房，有人大鱼大肉，也有人布衣蔬食。

生活的艰难，都躲在你看不见的背后。

没有什么岁月静好，有的只是拼命奔跑。拼命赚钱不是庸俗，而是为了能让家人的生活有一个基本的保障。如果你穷过，你就会懂得生活到底有多么不易。

很多时候，我们奔波劳累不是为了能大富大贵，而是能让我们在世间里过上与大多数家庭一样普通平凡的生活。只是太多的时候，我们连那份平凡都赚得那么心酸。

但没关系，好在我们有一份坚强，明知生活刻薄与刁钻，还是会硬着头皮往下走，因为只有这样，我们才能把那份可贵的平凡赚到手。

熬得住不一定出众，熬不住一定出局

"知乎"最高赞：你人生最难熬的时候是什么时候？

博主说，是她出国留学的时候。

她念外语系，班上 20 个同学，有 18 个是准备出国的。父母为了她的路子更宽一些，也决定送她出去。但她家里并不富裕，父母决心豁到底，"倾家荡产"地为她准备那次留学行程，家里能卖的都卖了，唯一的房子也被卖得利利索索的。

出国以后她特别省，不是因为想省，而是因为实在太穷了，穷得连方便面都觉得是很奢侈很美味的东西。为了贴补生活，她背着父母去给别人家做家教、当保姆，哪里有钱赚，哪里就有她。

有一次，为了省下几十块打车钱，她在机场拖着足足有 80 斤重的两个行李箱回住处，因为行李箱的轮子不好使，她使用"循环法"，一次拖一个走几百米远，再回来接第二个，就这样轮回把它们拖回家。

本来 20 分钟的路程，她走了足足一个半小时，她忘记了她也就比那两个箱子重上几斤而已。

她把箱子放下以后，在家哭了整整半个小时，那一刻，她觉得自己活得太窝囊了。

人生地不熟，还要边打工边养活自己，国外的留学费用，用脚趾头都能想象到有多吓人，更何况是普通人家的孩子，条件更艰辛。父母尽最大的能力帮自己迈出第一步，其他的每一步都只能靠自己死死地熬出头了。

天知道她过得有多艰辛，课业繁忙的同时，还要忙生存。你能想象吧?

她说差点就没熬下去，好在没放弃，不然她现在也得不到那么好的工作机会，她是她们班级里唯一一个拿到工作签证并留在欧洲总部的人。

都能想象她是带着一种怎样的感慨与骄傲写下那一段话语，每一个字符，都带着她不曾服输的勇气。

她是值得赞叹的，平心而论，如果事情发生在自己身上，又有多大的勇气去承担苦难，又能熬多久呢?

她成了她们班级最闪亮的一员，熬过的苦终究没有白费。所以，生活无论有多么艰难，你都别事先投降。如果坚持不下去了，要像力克那样，告诉自己，再多撑一天、一个礼拜、一个月，或者再多撑一年，你就会知道，拒绝退场的结果令人惊讶，只有拒绝再试一次的人才会被打败。

身子可以瘦骨嶙峋，但未来的规划绝对不能"瘦骨嶙峋"啊。最艰难的时候，老天不放过你，你也别放过自己，时间一久，总会网开一面，让你看见新的希望。

毕竟出彩的人生，都是"慢火细炖"熬出来的，因为苦苦熬出来的人生，更持久、更香醇。

普通人要熬，有光环的人同样也要熬；从普通到不普通，更需要熬，慢火烈火一起熬。

前一阵子，亚洲电影节的颁奖典礼上，古天乐几度哽咽，因为他得奖了，获得了他入行二十多年的第一个电影奖。

舞台上他差点泪奔，众人也忍不住感叹，没有白走的人生啊，古仔在 25 年的职业生涯里终于拿到了属于他的第一个电影奖，虽然这一年他已经 48 岁了。虽然过程很慢，但迟暮的光辉总算是落在了他的头上。

生活饶过谁，曲折都写在了经历的过程中，为了一个奖，可以铆足劲去拼，不为证明自己是谁，只是证明自己可以。

金子要靠火炼，人生又何尝不是如此，处处都提防考验，处处要被设限。但别气馁，只要提着一口气不放手，命运在不经意处总会给你扔上一块糖。

有个读者跟我讲起过他的往事。

他毕业了以后去了一家工厂上班，赚得不多，一个月 2500 块，周末经常出去玩，没有东西限制他，很独立很自在。

那个时候真是快乐，夏天傍晚的星空，有草坪、有啤酒、有姑娘、有聊不完的话题，还有未来。

可生活有时候会眼红，见你过得开心的时候，要给你加点猛料。2012 年，小他一岁的弟弟遭遇车祸，活生生的人一下子就没了。

当时他脑海里想的全是爸爸妈妈，还有家里欠下的七八万块钱。父母没有工作，家里重担全压在了他一个人的肩上。

他突然在那一夜之间长大了，他不能倒，他倒了，这个家也就彻底垮了。

一个月 2500 块的收入，他每月留下几百元的生活费，其他全用来还债务，还了三年半。

那阵子他很抑郁，几乎跟外界没有太多交流，不开口说话，只管存钱还债。姑娘跑了，他也懒得追。

特别难过的时候，就听 Beyond 的《光辉岁月》，债务还完的那一天，他觉得比中奖了还兴奋，苦日子总会到头，好日子迟早得来临。

他说你把我的故事分享出去，让绝望的人看到希望，告诉他们只要有一口气，一切就都会有希望。

艰难的时候，请找到一个支撑自己的点，继续坚强吧。它可以是任意一样东西，亲情、友情、爱情，或者你从未进行过的一次旅行，都可以。

我们都是一样的，都得默默熬，只不过是你在这里熬，他（她）在那里熬，世界上数以亿计的人陪你一起熬。只是受煎熬的地方不一样，熬的点却都是一样的，那就是希望我们都能过得更幸福一点。

　　每一次的临界点都是一场无情的博弈。人生就是一场马拉松，处处需要熬。路途上，是孤苦、是无助都得苦苦地坚持。熬得住，下一场博弈恭喜你；熬不住，请你灰头土脸原路返回。

愿你出走半生，归来仍是少年

　　听来的一个故事。

　　故事里的人是很不起眼的一个人。

　　他是一个农民工，大约 40 岁的模样，在为浙大新建的教学楼出力。一身黝黑，黑得像乡下的腊肉，全身看不见一点儿白亮的地方。

　　他的宿舍边上是一个篮球场，每天都能看见年轻的男孩子们在球场边摩拳擦掌，欢呼跳跃。

　　能看得出来，他也很喜欢篮球，经常偷偷在窗户的缝隙里瞄两眼，但就是没有勇气站到那个球场上去。

　　如果不是有一次，因为学生们玩对抗少了一个人，邀请他一起去打球，估计他自己始终无法迈出那双腿的。

　　那天晚上，他被拉了上去，只能说是凑数，因为他完全不会打，笨手笨脚的也防不住人，他站在哪个队，哪个队就输。

但他在打球的过程中很认真。所有人穿着球鞋在传球，只有他脚上穿了双沾着白灰的黄胶鞋。

他给每个人都买了饮料，边发边说一句对不起，说他连累了大家，他不会打，请原谅他之类的话。

40 岁的年纪，应该有个快上大学的女儿或儿子，有耄耋的父母，还有跟他年纪相仿的妻子。

如果猜想没错，他是家里的顶梁柱，每天日晒雨淋地做着体力活，去养活一家老小。

但请别忘记，他是中年人，也是曾经的少年，也曾年轻过，也曾有过梦想。

不是所有的人到了一定的年纪就没有资格拥有年少的小情怀，也不是所有的少年一定都有满腹才华的书卷气。

当他穿着黄胶鞋的双脚摩擦在地面，飞奔在球场的时候，他就是自己曾经的小小少年。

"知乎"上有个问题：怎么理解愿你走出半生，归来仍是少年？

底下有个高度赞扬回复，我印象深刻。

作者说，他爸爸是名特级教师，本事很大，找他补习的人很多。退休后还被补习机构高薪请了过去，教补习班学生。

他爸爸还叫了另外一名语文老师和一名特级物理教师，三人一起去了那家培训机构。

在短短不到一年的时间内，那位语文老师就被培训机构以教学不好的名义给开除了，末了还没拿到半个月的薪水。

他爸爸看不过去，觉得培训机构不地道，一气之下就辞职了。当然，他去讨要属于他自己半个月的薪水同样也没要到。

这还没完，他要把物理老师也叫走，他俩都走了，他还留在那做什么呢？但物理老师没走，物理老师要养家啊。

物理老师给他爸爸解释他的苦衷，他爸爸不听。

其实，他爸爸完全可以待满那一个月拿到满薪，然后潇洒地离开，离开的同时还可以把机构的学生一起"挖"过来，你不仁，我为何要有义？

或许，换作常人也许都会这么做。但他爸爸没有，心里咽不下那口气，宁可委曲求全地离开，也不要装模作样地留下。

这种做法着实令人称赞。他为朋友两肋插刀，但谁为他挡刀呢？没有，没有就自己掀开衣服把肚子露出来等待刀的降临吧。

每个人都是曾经的少年，少年喜欢黑白分明，没有那股圆滑劲儿。

上面那位父亲显然走出半生依旧还是可爱的少年模样，不妥协，也不肯低头。但有时候那生活欺的就是此等少年啊，你不妥协，我就不给你钱，不给你钱，你就吃下哑巴亏，白干半个月的活。

只是有时候希望我们既是少年也是成年人，既要保护好自己也不要伤害世界。

朴树身上具备所有少年儿郎的特性：真诚、朴实、纯真、不做作。

他可以在大红大紫的时候隐退，可以潇洒地拒绝别人削尖脑袋都想去的春晚，也从不接受任何形式的采访，只是安安静静地做自己热爱的音乐。

记得在一次跨界歌王的比赛中他出现了。主持人问他，隐退这么久，怎么想到复出了？他实话实说："这阵子很需要钱。"

你没看错，他说他需要钱，而不是说我觉得这档节目做得很不错，所以我来挑战一下。

你看他连对生活低头都低得这么高贵。

他确实需要钱了。一个艺人不接商演，不做违心的活动，上哪儿去赚钱，长达 14 年才出一张专辑。这么些年，他连一个住房都没有，还是自己租住在北京郊区某个地方。

即便是这样，他还是愿意清贫地过，缺钱的时候才会出来现一次身。

他在演唱会上唱：两眼带刀不肯求饶，让你看到我混账到老。

人近中年，你还是能看出他带着年少那份倔强，不肯向任何人求饶。

他告诉我们，我是朴树，你是谁？嗯，他是朴树，不被世俗污染的朴树。

谁不想走出半生归来仍是少年，但任性的少年首先得是一个具备实力的少年，例如朴树。

我们都会变大，曾经的小小少年会长成各种模样，生活的辛酸苦辣会让小小少年的内心也变了味道。

生活很难，但愿你走出半生，归来依旧如年少般清朗。

愿你一辈子下来心上没有补丁，愿你的每次流泪都是喜极而泣，愿你筋疲力尽时有树可倚，愿你释怀后一身轻，愿你走出半生，归来仍是少年。

你只是看起来很努力

你们身边肯定也有不少这类的人吧？

她们看上去总是很努力，忙得四脚朝天，今天叫她没时间，明天叫她没时间，永远都是没时间，有做不完的事。

这样的人比大老板们都忙，想着成绩应该会很不错，但事实呢？非也非也。

我身边就有这样的人，姑且叫她 CICI 吧。

CICI 在我眼里是个好女孩，我所谓的"好"就是良好青年，在青春里激流勇进的那种，很上进。

她是新媒体编辑，每次都有写不完的稿子，无双休，干这行无休也正常，要实时推送热点，即使是在半夜也得爬起来。

但这都不是重点，重点是我每次约她出去走一走，她都以同样一件事来拒绝我："我实在太忙了，走不开。"

那行吧，你忙，我来看你，我就静静地待着不说话。

说是去看她，不如说"考察工作"来了，其实完全是想来感受一下正能量，在这姑娘身上吸收点正能量回去，给自己灌点鸡血。

我想象中的她应该是在伏案噼里啪啦地敲键盘，查阅资料吧。直到看见她那副样子，才完全颠覆了她在我心目中那个上进青年的完美形象。

来，你也跟着我一起看看，她左边放一台平板电脑，播着综艺节目，右边是一台苹果手机，画面定格为朋友圈。

时不时哈哈大笑几声，眼睛盯回电脑，没过三分钟刷下朋友圈，过两分钟照下镜子，欣赏下自己的容颜，要么就剪一下指甲，确实是没闲着。一个小时吧，主页面显示敲了一百多个字，简直惊呆了我。

我说你平常也这样的工作状态？她说不啊，在公司不敢这么堂而皇之，偷偷玩一下。

怪不得你经常加班啊，这不是典型的作是什么？请告诉我。亏得她每次下班之前，都会在朋友圈里配个工作图,附上行小字:

夜已深，你已睡，我仍在奋斗……

　　原来，不只是有人因为虚荣心"晒富"，还有人因为虚荣晒"上进心"的，这玩意儿装得有点大呀。尽管骗吧，可以骗世界，但骗不了自己那巴掌大的内心。

　　其实说到这个主标题，我就有举不完的例子，但纸张有限，挑经典的说，让大家引以为戒。

　　我还有个朋友，跟我一起赶书稿的。她真的看上去很勤奋，起码给人的感觉是这样的。

　　每次我俩同一时间接到书稿，她总是显得比我努力多了。接到书稿第一天，我说我先缓缓，找找感觉，放松一下，第二天再开始。

　　谁知道这家伙马上就数落我了："那你闲着吧，我得马上开始了，我可不想浪费时间。"好吧，你勤快，你有理，争不过你，我就自己偷闲呗。

　　不过想着她确实挺上进的，某方面得向她多学习，多跟她在一起，督促一下自己。

　　一天过去了，晚上我问她进展如何，是不是素材搜集得差不多了，写得比较顺利？她半天没说话，过了好一会儿才憋出一句话，一个字都没写。

　　我说那没关系呀，可能是灵感不够好，好好休息，放松一下，灵感就来了。

　　过了差不多一个月吧，再互问进展。可一问，却连我的一半都不到。她看上去比我努力多了，每天几乎晚睡早起的，有时候还熬通宵。

这是为什么？我快，并不是我写的内容比她差，而是我比她写得认真，我不开小差。

这可就不只是灵感的问题了，全是自己的毛病。

我了解了一下她的日常生活，她不是写着写着就跟朋友聊会天，就是去"豆瓣网"溜两圈。东弄西弄，要么停下来做别的事，屁股确实是没离开那张凳子，但是效率就是那么低。

就这样，灵感不连贯，断断续续的，你想让你写文字还是让文字写你？写得完才怪。

最好笑的是，每次早晨我起床的时候，都会看见她的朋友圈，是多么多么励志的内容，又奋战了一夜。

等到交稿之时，我正常交稿，毫无疑问，她拖稿了。但她后面还是会经常性发"假"朋友圈，让别人夸赞自己一通，我就一声呵呵，谁傻谁知道。

那样的夸奖有啥意思？全是昧着良心的。唉，看你装得那么努力，我都替你累。

生活中这样的例子其实越来越常见，互联网越来越发达，微博、朋友圈都是晒生活的好地方。

你有件什么大喜事，第一个知道的不是你最亲密的人，而是那些能够满足"虚荣心"的朋友圈，别人的赞可比家人朋友的祝福要有趣得多。

于是就有了你去健身房，运动没做几组，就先配图配文的样子：大汗淋漓的感觉真好。

去咖啡馆看书，书没看几个字，全当成了朋友圈的摆设品。

去公司加班，只不过是为别人的赞美奔波一下而已。

去图书馆看书，永远都是左右视角的无限摆拍，拍完就走人……

你看上去那么努力，但你却什么也没有得到。这或许就是为什么别人看上去吊儿郎当，结果却比你得到的要多很多的原因。

因为他们真心，而你"假意"。你的背影是很感人，但别人的正面更给力。

世界上自欺欺人的人有很多，装模作样的人也有很多，但对生活也自欺欺人的人，最后都被自己"毙"掉了。

喂，我想说，替别人勤快不如替自己真正勤快一下吧。你可以糊弄别人，但你也别太糊弄自己啊。

要想获得几番成绩，就请停止你的假面状态。世上从不缺聪明人，缺的就是那种脚踏实地的人。

耐得住寂寞，守得住繁华

不用否认，谁都寂寞过。能不能耐得住寂寞，就看个人的功力了。

寂寞是成功路上的标配，陪着你"过五关斩六将"，只不过有些人撑到了最后，有些人倒在了半途。寂寞这个词一般人还体会不到，只有忍住寂寞，熬过寂寞的人，才有资格说出寂寞两个字。

谁没寂寞过？

我就寂寞过。

你看，我这一个字一个字地敲出来，连成文给你们看，就需要耐得住寂寞，不能开小差。写文章这项工作最能考验人的耐力，这就是个枯燥活，每天不断地输出输入，输入输出，无限循环。

早上洗把脸，吃完早餐，就得伏案在电脑旁，呼哧呼哧想内容，吭哧吭哧输入内容。

那是真寂寞，一个人面对那浩瀚的文字从早坐到晚，别人睡了，我没睡，别人起了我还没睡。有时候在特别急的情况下，需要奋战几个通宵。

那时才能切身体会那些大老板们，三分钟解决一顿快餐，五分钟洗完一次澡了。

曾经以为那样的事情不会发生在我的身上，因为我只想简简单单地过活。但后来我想有所作为，不想过于平庸，于是就只能拼一拼，咬一咬牙往那"秃顶"的路上一去不复返了。

我有个朋友比我更厉害，别说是三五分钟吃饭洗澡了，他一天可以只吃一顿饭、三天洗一次澡。因为忙、因为要节省时间，太拼了，拼得蓬头垢面。

枯燥点就枯燥点吧，当他的老板把他的薪资开到月薪5万元的时候，他"蓬头垢面"的劲儿更足了，就好像在说，来吧，寂寞拥抱我，枯燥枕着我入眠，我都不害怕。

后来，每次回忆到这里，他都感动得想哭。

别人可能会说这也未免有点太夸张了，对，告诉你，就是这么夸张。而且连续几个月没有任何娱乐活动，我都忘记了外面的麻辣香锅是什么味道了。

日复一日，有时候经常怀疑人生，连自己也不知道什么时候是个头，每天有赶不完的稿子，看不完的书，偶尔想想也会狂躁。

但当老板发出这种赞扬之声的时候，就觉得值了：某小小啊，又进步了，不错，继续努力。这种话入耳后，觉得自己起码是能行的，有人肯定你，想想那些寂寞所带来的痛苦，权当是伴随自己成长的好伙伴了。

后来，我跟我朋友一样，苦熬几次，就会为自己感动几次。

所以，成长路上寂寞一点没什么，熬一熬吧，用心点熬。

不用心熬，就怕你功名成就没熬到，眼角的细纹全熬出来了。

其实，寂寞这两字在大城市奋斗的朋友们更能切身体会。

一个人背井离乡，拎着行李，说走就走，坐上长长的火车，一个人一路狂奔。

我问过很多在北上广奋战的朋友，他（她）们年纪大多二十多岁，也有三十多四十岁的人，问他们寂寞不寂寞。

这些人的回复都挺狂，"谁没寂寞过，你来了你就知道了"。我当然知道啊，我也忍受过，而且还在继续忍受。

这些人都做着不同的职业，有混迹在音乐圈的、有在演艺圈做经纪人的、有搞互联网的，也有苦熬编剧的……

刘琦是那个混音乐圈的，经常半夜爬起来作词、作曲，没灵感的时候也会爬起来坐着苦憋。夜里的房间，静得跟地窖一样可怕，有时候实在想睡觉，因为睡着了就不用那么挣扎了，但他是成年人啊，他没有那么做，熬不下去了，他就抽根烟，接着熬。

与孤独为伴那是他的家常便饭，不稀奇。搞音乐的人，没忍受过孤独的夜，写出来的歌词，那都不能引起共鸣。

为了以后大江南北响起自己的音乐，那就吞了孤独，咽下寂寞吧。

都一样，孤独路上都一样，沈峰也一样。

他开了一家明星经纪公司，说是一家公司其实也就他一个人，什么事情都得亲力亲为。

他也寂寞，他说每次从外地出差回来，吃泡面的时候是最寂寞的时候。高铁站里，泡上一碗泡面解决一顿晚饭，鼻子一酸都想掉下泪来，那是他觉得最难过的时刻。

虽然他都三十多岁了，但也没有规定大男人就不能矫情了啊。

干互联网和当编剧的朋友就不用提了，一边嚷着要离职（心里说），一边又苦哈哈地继续坚持。

经常加班到凌晨，那么晚没有公交，地铁也停止运营了，坐上出租车，就跟司机聊聊人生。她们说："司机，你辛苦了啊！"司机说："都辛苦都辛苦，你们也很辛苦。"那句话忽然让人觉得很温暖，有人在关心着她们。

寂寞也不过如此，很多人都在承受。因为都想熬一份成绩出来，才不会愧对曾经度过的孤寂人生。

那些都在用力生活的人，黑夜也许会化成一个可爱的天使，在你们入睡的时候，吻一吻你们的脸，告诉你们，孩子，辛苦了，光明即将来临。

只不过在她吻你之前，你要继续坚持。

不拿名人作比较，就拿身边的人举例子。因为见过太多身边的朋友，都是励志姐励志哥。他们都在苦苦支撑，因为日子不容易。

包括我自己也是（呵呵），与孤独斗争好几个月了，没有出去逛过一次街，也没有去过任何娱乐场所，连最爱的音乐会都割舍掉了。

因为我知道，在没有成功之前，所忍受的孤独都是宝贵的。成功之后，享受的繁华都是荣耀的。在那之前，那一切都作不得数。

寂寞是碗烈酒啊，但能驱走人的寒意，我先干为敬，你们随意。

二十几岁和什么人交往，对你很重要

看到一篇关于比斯诺的报道，被他的聪明惊到了。

22 岁的比斯诺接手了他父亲的公司，公司成长迅速，但他发现自己的脚步已经跟不上公司成长的脚步了，管理乏术。

但他不想去商学院，只好去想别的法子。他前思后想，制订了一个"人脉行动计划"。

他花了 1.5 万美元包下一个滑雪场，邀请了一批成功企业家，只有一个目的，为年轻的精英们分享他们成功的经验。

一周后，他与商界大咖们都成为好朋友，其实真正的目的已经达到。那就是他需要拓展人脉，走得更宽更远。

那个圈子能使他终身受益。

二十多岁，你接近的人会潜移默化地影响你的一生。

有些人你一见到她，不用开口，就知道她很优秀。

表姐告诉我，她身边有一个非常优秀的朋友，琴棋诗画样样精通，很有学识，还很上进。

她说，有时候跟她在一起都难免有些瞧不起自己，她实在是光亮得耀眼。

我说你可以瞧不起自己，但请跟她多接触，只有跟优秀的人经常在一起，你才能变得优秀一些。哪怕你一开始很不济，但她一定会悄无声息地改变你，包括你的一言一行。

如果你看到她多看了几本书，你一定也想多看两本书；你看到她那么上进，你也不好意思告诉她你整天只贪玩；她穿着得体精装描眉的出门，你也不好意思蓬头垢面和她走在一起。

她出入的场合，她的社交圈也一定不会差到哪里去。要想继续保持着朋友的关系，你也只能时刻保持一种上进的心态，你若差得太远，迟早会被人甩到最后面。

近朱者赤，近墨者黑的道理，我想你应该懂。

前几年，公司有一期关于董事长的人物采访，因为被安排的人临时有事情，便交给了我。那时我还是一个新人，没有太多这方面的经验，有些担忧，怕把事情弄砸了。

我看了很多资料，列了十几个问题，但心里一直惴惴不安，因为面对一个叱咤商场的人，这些问题似乎有点太微不足道。

我提前半小时进到会议室，一直在反复琢磨自己的问题，怕出纰漏。

在采访约定时间的前 10 分钟，董事长出现了，没带助理。

他走过来一脸和气地跟我说："丫头，你别紧张，放轻松。"

其实，那次他是无意间得知采访他的人是一个新来的小丫头。他便特意提前了 10 分钟，跟我随意聊一聊，缓和一下我紧张的心情。他说在轻松的状态下，效果要好很多。他最后说的一句是：我也曾二十几岁过。

那一刻，我知道了什么叫作温暖的力量，知道了什么是风度，也知道了什么是尊重。

几年后的今天，我一直还记得那一幕，一个睿智的人所给予的温暖。

每次当有点成绩想要翘起尾巴的时候，都会想到那一瞬间。

总是有些人，出现在你年轻的生命里，教会你一些事情，对你产生着深远的影响，希望你能牢记那个人。

我姨妈邻居家的一个女儿，比我小两岁，大学上了两年就辍学了。她妈苦口婆心地劝她回去，无果。

她跟一个大她 5 岁的男友，天天在外面鬼混，是 KTV 和夜店的常客，没钱了就问父母伸手要，供她两人吃喝玩乐。

她爸妈拿她没辙，只能气得跺脚。

听我姨妈说，其实，这个女孩以前是个乖孩子，她所念的大学也是"985"重点院校，只不过后来不知道在哪里遇见了一个小痞子似的男朋友，天天跟在他后面跑，书也不念，家也不回。

现在那女孩据说天天待业在家，以前懒散惯了，不愿意出去找工作。没能力赚钱，但花起钱来还是大手大脚。

听到这些，只想到活该两个字，但其实另一方面也是惋惜的，交友不慎很可能葬送一生。

这样的例子或许不少。

二十多岁的年纪，是我们擦亮眼睛做人的时候，稍有不慎，一切都将灰飞烟灭。

杨澜在《给二十几岁的女孩的14条告诫》中说过一段话："到了二十几岁后，就要有目的性地选择朋友。自私一点地说，要多交一些对自己有帮助的朋友，你可以从他们的身上学到东西。"

其实，这不光只适用二十几岁的女孩，它同样也适于二十多岁的所有人。

我们二十几岁可以少交朋友，但一定要交好的朋友，因为他们能够引领自己进步，与你共成长。

这样的朋友可以不多，但你一定要有那么几个，你看见她奋进，你会不舍在原地踏步。你看见她荣耀加身，你也会不甘平庸。她一定会刺激着你，往更好的方向走去。

余生很长，请擦亮眼睛慢慢来，去靠近那些能带给你正能量的朋友，远离消耗你的朋友。

平凡的你，很了不起

看到一则短片，被里面的姑娘戳到。瞬间想起了很多人，包括我自己。

视频里的姑娘是一名投行见习分析师，平均一天工作 14 个小时。

在快下班的时候，姑娘突然接到了老板临时布置的任务，为公司准备明天的会议资料。说临时，其实也太不"临时"了，因为这样的事情隔三岔五就会发生，太常见了。

所有人都走光了，只有她一个人留在空旷的办公室里拼命加班。这还不是最惨的，最惨的是她已经做了几十页的 PPT，但因为电脑蓝屏突然死机全没了，她内心崩溃到爆炸，于是伏案痛哭。

所有委屈点全部在一瞬间涌了出来，她写好辞职信，删了写，写了删，删了又写，无限循环……

发泄过后，她整理了心情，打算重新开始写……

有时候，流眼泪真的不是因为自己脆弱的表现，而是我们到了绝望的时刻，它可以让我们的情绪有一个落脚点，有重新开始的勇气。

其实，我们又何尝不是这样呢？身边的很多朋友大多都是工作到深夜，披头散发地熬在电脑前，或者熬在不知名的某个点，只为一个不确定的明天。

每一个成年人都在很用心很努力地活着，或许现在你不知道她们是谁。但她们已经成为自己心里很了不起的人物，因为她们坚强。

任何一个独立、坚持为自己的梦想奋斗的人，即使你再平凡，你也很了不起，因为你已经为自己的前途点亮了一片光芒。

总有些人平凡又伟大。

有一次，因为眼睛被紫外线光照射了下，流泪不止且浮肿，我去了趟急诊眼科，挂了号，看了医生。医生说无大碍，给我开了几盒消炎水让回家自己涂抹。

那时已是凌晨 2 点，医院里已经没有什么走动的人群了。

在一个角落，有一个人格外晃眼，一个满脸被烫伤的人，她眼角下的肉与上额的肉粘在了一起，嘴巴有点歪斜，全脸几乎没有一块完整的地方。

说实话，看上去有一点狰狞。

从她衣着上看，应该是医院的清洁工，在奋力地拖着走廊的地板。

但吸引我的其实并不是她正面的那张脸，而是她背后一边拖地一边擦汗的样子。

虽然她的脸被烫坏了，但从背影来看，她还很年轻，也就三十多岁的样子。

那一刻，我没再往前挪动脚步，我只是静静地看着她，直觉告诉我，她是一个有故事的人。我找了一个她休息的空闲时间，跟她聊了聊。

起先她不太愿意搭理我，估计是看见我狼狈的眼睛才主动开了口。

如果你觉得自己过得不如意就往周围看看，比你苦但又比你坚强的人比你想象的要多得多。

她被烫成那样，全是因为嫁给了一个人渣。烫她是因为问她要钱赌博她没给，男人晚上喝多了酒回来，趁她睡着了，烧了一壶开水对着她脸上一顿猛浇。

她反抗时，已经变成了另外一个人。她果断地离了婚，要回了三个孩子。

在医院治疗完后就留在了那家医院，找了份打扫卫生的活，为了能赚得多点，还要两头跑着去接电话，谁谁送尿检，杂七杂八的活都需要她去通知。

每天下午 5 点开始上到第二天早上 8 点，为了生活，为了孩子，她没哭过一次。

临走的时候我抱了抱她，她冲我微笑了一下。我记得，有一种微笑比哭泣还令人难忘。

真想告诉她："你是一个很了不起的人，是孩子心中伟大的妈妈，也是自己心里的英雄。"

总有些人活在社会的最底层，或许过着很不如意的生活，但她们依旧坚强，依旧能笑对人生。

你所看不到的艰辛它总是存在，并且也许会一直存在。

我有一个朋友，看上去很光鲜，长得又帅，言语之间都带着富贵气，应该是那种活得很成功的人。

如果他不说，我绝对不会知道他居然那么惨过。

几年前，他在北京做生意赔了一笔钱，消沉了一阵，好不容易缓了过来，打算重新开始。

前年又遇见一损友，两人合伙开酒吧被骗惨了，那人卷跑了20多万。他借了私人贷款，一个人承担着压力不敢让家人知道。

为了还钱，他什么活都干，完全不要命地疯干。

那一阵子他去干高空作业，在很高的地方，每次他都是小心翼翼地提着命上去的，因为他也害怕哪天就下不来了。但再高也得上，再害怕也没有退路，自己欠下的只能自己还。

从前年11月份开始每个月还一万多欠款，自己省吃省喝，还了两年才还完了。

很难想象，他现在云淡风轻地说着这些往事，过去遭过什么样的大罪，恐怕只有他自己知道了。

他说都过去了，一切都不重要了，最重要的是现在都已经往好的方向发展了。那一切，反而造就了他现在踏实的性格。

没有十全十美的幸福，也没有彻头彻尾的绝望，只要努力，就会越来越好。

我始终都没有告诉他：你真的很了不起，你真的活得很带劲。

我们本是平凡人，只不过因为某件事情而变得不平凡。什么是了不起的人，不是你多么能赚钱后的大富大贵，而是你有钱了也能看得清百姓疾苦的人；是不论生活多艰难，依然抬起头昂首向前的人；是你在每一次绝望中不放弃任何生的希望的人。

如果生活让你感到很累，请对自己说一声："你真了不起，你尽力了。"

越自律，越向上

彭于晏曾在微博上晒过一张旧照，照片上的他是在童年时期。1 米 58 的身高，70 公斤的体重，俨然一个标准的大胖子。粉丝直呼认不出。

很难把过去的彭于晏与现在的彭于晏放在一起对比。

曾经的他是个肥腻的小胖子，而现在的他是国民大男神。

过去油腻感十足，肥肉加身，无丝毫可爱可言。

现在双颊棱角分明，六块健硕的腹肌，修长的双腿，还有一双迷人的桃花眼，魅力十足，迷倒众生。

与过去有着天壤之别的一个人，凭什么？凭自律。

他意识到自己不足之后，开始艰辛的减肥之旅，一天长达10个小时的高强度健身，忍受超负荷的运动量。一股狠劲儿，完全是拼命的状态。

曾一度为了拍好《翻滚吧，阿信》，更是开始了长达八个月魔鬼式的训练，一次次挑战自己的身体极限。

为了保持身材，每天只吃不加任何调料的水煮餐。他在某次节目上自曝，这么多年来，他吃饭只吃到五成饱，很久都不知道吃饱是什么样的滋味了。

听着真让人觉得对自己过于严苛。

别人的光鲜，背后全是惊人的自律，没有极度的自律，就没有极度的完美。

事实证明，一个人只有足够自律才能成就更好的自己。人和人之间的差距，也是在不自律中一点点拉开的。

认识的一位朋友，两年前自创公众号写文章，在此之前他是没有接触过自媒体的，但因为热爱，想试着接触。

他知道自己能力不足，要想多读多写，就必须抽出足够的时间，来做这件事情。他每天 5 点起床，阅读一个小时的书，再花一个小时分享别人的好文章，找规律。

一开始坚持还容易，但长时间的坚持真的很难，很多人都半途而废过，一般在第三天就坚持不下去了。

但他每天告诉自己，也许把这个习惯持续到第 21 天，后面就会适应了。累了，就告诉自己再撑一下子。

这一下子，一口气就坚持了三年多。从最开始的生硬，到后面的娴熟，从几个粉丝到上万个粉丝，他都做到了，同时也实现了相当可观的财务自由。

我问他秘诀：你怎么能对自己那么狠、那么自律？

他说，当你越想休息的时候就越不能休息，你一旦停止了，休息了，就很难再站起来；所以，我一天都没停止过。

财务自由的背后是一群高度自律的人，你不曾自律过，就不要跟别人哭诉说你有多么穷。

当你还在沉迷游戏无法自拔的时候，孙俪正在挑灯看剧本。

当你和朋友大吃大喝的时候，陈意涵已经沿着操场跑了一个小时。

当你一遍遍刷抖音和微博的时候，刘涛已经完成了举铁、卧推、深蹲等一系列动作。

当你还在床上睡懒觉的时候，韩雪已经收拾完毕，边吃早餐边听英语广播了。

……

自律的人在自律，闲散的人依旧在闲散。

这也就是为什么别人光芒万丈，你还在黑夜里挣扎不止的原因了。想变得不那么平庸，就得先学着开始改变，从自律开始。

汪小菲曾在微博上大夸他的老婆大 S：真的很服我老婆，怀孕的时候想吃麦当劳、肯德基，因为以前一直吃素，趁着怀孕放纵一下。结果这两天开始减肥，突然做各种运动，什么都不吃了。我丈母娘总跟我说，菲，你老婆要是想做一件事是谁也拦不住的。我体会了一下：她确实很有主见，一个月瘦了 10 公斤。

怎么做到的？

大 S 午餐只吃两片肉，两碗烫青菜，不吃饭。请老师来家里授课，一周上两次，每次各一个小时的皮拉提斯和瑜伽，一次一小时的伦巴以及重训。

看到她的食谱时，你真的会觉得你自己可怕得像一头牛，一顿不吃就饿得慌，还要外加宵夜——吃小黄鱼和小龙虾。

有时候，你真应该收起你那副扭扭捏捏为自己三番五次寻找借口的模样。别人为什么轻轻松松就做到了你梦寐以求的事情？因为别人比你有毅力，别人比你自律。

乔布斯说过一句很经典的话：自由从何而来？从自信来，而自信则是从自律来。而他自己也做到了，每天可以坚持凌晨四点起床，一直工作到晚上 9 点，牛人的称号不是那么轻易得来的。

跟他一样，严格约束自己的还有李嘉诚，李嘉诚从 20 岁起，他不论几点睡觉，总会在清晨 5：59 分起床、读新闻，晚上坚持自学，数十年如一日。

无论多么成功的人，他的身上总有你学之不尽的闪光点。

村上春树因为戒烟而体重增加，为了减肥他坚持跑步，别人的跑步很可能是三天打鱼两天晒网，但他可以做到从 30 岁一直跑到现在，跑了 30 余年，无论刮风下雨，都会坚持跑上 10 公里。

关于自律，其实还有数不完的例子，他们看着离我们很远，实则离我们很近。

自律是每个人都必须具备的，即便你一开始不自律，但你也要学着去自律。不自律的人生，一定不会很出彩。

你想要写出好的文章，你想要变得很苗条，你想要功成名就，你想要很多赞美，但你却又什么都不舍得付出。不够自律，又异常懒惰，请问你该怎么办呢？

天下所有好的东西都是十分昂贵的，你必须要付出足够多的汗水和努力才能获得。

从今天起，自律一点，勤快一点，或许你就能离成功更近一点。

不怕任性，就怕没有资本任性

安洁 29 岁了，再过一年，她就跨入了 30 岁那道大坎。

女人 30 岁前，还可以说是二十几岁的人，但只要一到 30 岁就会开始避讳对方问自己年纪的尴尬（如果不避讳，应该是活得很带劲的人）。

30 岁意味着什么？而立之年，无论男女都一样。如果你结婚了、生子了，那你可以无忧，不用饱受道德的摧残；如果你没有结婚，甚至没有交往对象，那你会像安洁那样，后果很惨。

安洁可以说是个"双重性格"的人，一面追求自由，一面随波逐流。

她觉得自己虽然快要 30 岁了，但岁月还长，就算自己没交男朋友，也可以慢慢寻觅，给自己和家人一个交代。

但是婚姻这个话题只要到了父母面前，她就没有了辩驳的勇气，因为她穷，所以也就少了一些底气。

她不光是穷，似乎没有一个能吸引人的亮点。智商？财富？事业？美貌？好像通通沾不上边。

在父母的"逼宫"下，安洁私下里也着急过，29 岁，事业上不上下不下，一个很尴尬的年龄，再过一年就怕找不到好的对象，找到的也是别人挑剩下的。

为此她还借酒消愁了好几回。

一直想辞职去远行一次，也狠不下心，鼓不起勇气。一是去一次要花掉她辛苦半年的存款，二是怕回来之后她的位子就被别人取代了。大家都知道的，如果你的工作不是那么的具有"稀缺性"，不是那么的无可替代，分分钟都会有人接替你的位子。

为此她找朋友吐槽了好几回。

现在想起来那些说辞职就辞职，说创业就创业，说干吗就干吗的人，她们是有任性的资本的。

没有任性的资本，就只能憋屈着过。

20岁出头的时候，她没有想过太久以后的人生，但现在的她似乎必须想了。20岁出头的时候，没有太用心去努力，似乎现在必须要努力了。

她很清楚一个现实，要么拼一拼，趁着体力还行：要么被拍死在沙滩上，"尸骨无存"；要么活得耀眼，要么死得黯淡。

安洁说，她想了想，活到她这个年纪，什么拿得出手的本事都没有，也怪悲惨的。

现在她就想着把自己变得稍微优秀点儿，高智商似乎是靠不拢了，那就往自己的事业上使使劲儿，努力赚点钱，改善一下自己的容貌和气场。

后来，她也想的大彻大悟了：一个女人只要能活得有气场，是不愁没男人要的，海归男也好，精英男也好，只要你想要，天天都会有。只要有资本，什么时候想做什么都不晚。

怕的就是没有资本任性。

安洁说，能有底气站着说话，就不弓着背弯着腰说话。

当然，也不是所有人都跟安洁那样，在人生的分水岭过得那么小心翼翼，前怕狼后怕虎的。

大美丽就是个比较潇洒的人。大美丽今年 31 岁了，她二十几岁就很任性，比较自我，但那个时候的任性很不可爱，因为没有资本。没资本的任性都是很不可爱的。

但她"开悟"的比较早，知道自己天生优点不足，需要后天努力修补。

她工作的时候很用心，摸业内的门道，搜集客户资源，善于去发现一些细小的问题。对于钱那一方面，她也很积极存钱，有业余时间还会去做兼职。

就那么平淡过了几年，拿公司当了跳板，跟银行贷了点款，自己出来单独创业，开了一家平面设计公司，时机的成熟度刚刚好。

事业才起步，自己身兼数职，既是老板也是员工，又跑业务又做图，累得够呛。一开始什么细小刁钻的活都会接，因为缺钱，缺名气。

因为态度诚恳，做出来的东西不亚于同行，价格也比同行低。后来公司渐渐扩大，店面从 30 平方米换到了 100 平方米，人员不断增加。

开了好几家分店，刨去成本，年利润过百万。

29 岁那一年，她妈给她介绍了一个男生，据说背景挺不错的，就是外形可能不是很讨人欢心，头发少点。

她妈说，跟他在一起，对她的事业会有更大的帮助。

但她反手就是一记漂亮话："再困难的日子我都走过来了，不需要别人当我的跳板，我现在有足够的能力，自己就是自己的跳板。"

当你有资本时，你可以拒绝一切你不喜欢的东西，包括感情。

知道什么是任性吗？知道什么是憋屈吗？

任性就是我租了一个月，但只住了一天的房子我不满意，我可以随时走人，可以不要那一个月的租金，可以不用磨磨唧唧，痛快走人。

憋屈就是即便半夜你要排队一小时等着上厕所，厨房有老鼠，墙壁不隔音你都得为了几百块押金活活忍受着。

任性就是你在公司受了委屈，你可以拍桌子走人，告诉众人老子能力强去哪里都有人要，不用在这小心翼翼伺候着，才华就是王。

憋屈就是你受了委屈就受了委屈，你能力不足换一家公司，说不定还没有现在一半的待遇，你说不出世界那么大，老子不干了那样的狠话。

任性就是你心情不好，你可以随时去订票旅行，手机页面出现哪个城市，就去哪个城市。

憋屈就是你心情不好只能在家里哭花脸，洗把脸接着哭，哭累了蒙头大睡。

你要没钱，别人花 4000 元是任性，你花 4000 元就是"任人宰割，任生活宰割"。

你长这么大，总得有那么一处闪光点，可以用来当任性的资本。你如果不漂亮，那你就一定要聪慧；如果不聪慧，那你一定要有钱；如果没有钱，那你一定要有才华；如果没有才华，那你一定要努力。如果什么都没有，还不努力，请问你怎么好意思立足于这个世界呢。

姑娘，愿你能活得小心谨慎，又能活得任性潇洒；穿得了球鞋，也能驾驭得了高跟鞋；托的起高脚杯，也能拿得稳汤碗；既能张扬，也能低调。如此，完美地过一生。

人越闲，越容易堕落

人真的不能闲，一闲则废。

为什么这样说？因为人一闲，就没了目标，失去了斗志，没有了追求，如行尸走肉般一样活得无趣。

讲讲我身边一个朋友的故事。

朋友创业失败后，进了一家公司重新开始工作。那公司大，部门多，他们部门有 8 个人，有人干活多就有人干活少。

他们部门算比较清闲的一个部门，事儿不杂也不多，没有硬性要求，办公室也比较靠最里面，很少会有别的部门的人经过。

没事的时候部门里的几个人就经常扯扯闲话，众人你一言我一语，很快一个上午就过去了。下午轮流点吃的，今天你叫，明天我叫，每天都有东西吃。刷刷微博、打打游戏、聊聊天，日子倒是悠闲得很。

他跟我说，日子太清闲了，闲得都不知道应该干什么了，也适应了那种闲适，躲在舒服区里很难出来。反正工资照常发，节假日照常放，一点也没影响他。

于是，一待就待了三年。

前一阵时间他跟我说心情不太好，有点儿沮丧。我问他缘由，他说被公司辞退了，其实，这倒是在我意料之中的。

他们公司因为效益不好，裁减了很多部门及人员，只留下了小部分骨干。作为对公司没有太大用处的人，自然不会被留下，走人也是理所当然的事情。

他郁闷的还不止这一点，每每投简历，看公司招聘要求的时候，他就直摇头，没了勇气。

在公司赋闲的那几年，已经把他的技能给渐渐磨掉了，也让他丧失了上班族的正常战斗力。

他说现在每当看见别人发朋友圈，说忙到几点几点的时候，他不觉得有多苦，反而很羡慕对方，因为人家虽然忙，但忙得很充实，有一个奔头所在。

人近 30 岁，却一无所有。一无所有不可怕，可怕的是连对生活的那份热情都没有了。

现在他也挺后悔的，如果再遇见一次合适的工作机会，他说他会牢牢把握住，不再荒废青春了，让自己忙碌一点，奔跑起来。

人啊，就是不能闲，越闲越懒，越懒就越想闲，最终的后果就只会变成一个"废人"。

嬉戏玩乐只会消耗自己，忙碌充实才能让你向着光明的未来走去。你的现在就是你的未来，若想知道未来过得怎么样，趁着还年轻，现在就必须奋斗起来。

你见过的那些比你有成就的人，有几个是闲得发慌的？仔细想想，好像没有。不信你看：

任正非忙到没有时间回去睡觉，在办公室里铺一个简陋的小床，累了就睡会儿，醒了再继续干；

王健林 4 点钟起床，每天辗转几座城市，晚上 7 点 10 分到达办公室继续工作，曾忙得 9 天 9 夜没睡过觉；

……

人越成功就越忙，越闲就越没有方向。

记得有一次采访中，记者问马云：一天什么时候是最开心的。他回答，睡觉。

睡觉对于别人来说是多么简单的事情？我想睡就睡，可以不分场合和地点。

但马云不行，因为他很忙。

有多忙？一年一半的时间都在东奔西走中，一年要去 33 个国家。他曾挪揄过自己，说他自己比总统还忙，但没总统那么大的权利。

他确实比总统忙，没那么大的权利，但他富有。

身在商界里的大佬们，一个比一个忙，一个比一个赶时间。

身家 20 多亿元的张朝阳，一天只睡 4 个小时，早起的时间用来思考一天要做的事情。白天有 5 个小时的时间都在开会，20 分钟一场会议，赶完这场赶那场。

忙人不断地在时间里见缝插针，闲人无休止地在时间里闲得发慌。

别人为什么成功？比你优秀比你努力还比你会争分夺秒。

有一句话说，你有多忙就有多贵。这话是真的，当然，这只限于真忙，对瞎忙没用。

什么是真忙？工作认认真真地完成，而且完成得很漂亮。

瞎忙呢？那就是忙活了半天，一点效率都没有。例如，同样的一件事情，别人两个小时就已经忙得差不多了，你忙了 5个小时，还在拖拖拉拉。

别人忙得又好又漂亮，自然比你贵，挣得自然比你多。你不用羡慕人家背一个几万块的包，开多么豪华的车，那是她应得的，她的背后付出了专注和用心，你的懒散比不了。

你忙一点你就贵一点，你得来的就会比别人多一点。你想过什么样的生活决定于你有多忙有多勤快。

即便现在你的忙并没有给你带来多少好处，但无形中一定会同别人拉开一条很大的差距，你放心，只是时间的长短而已。你想要的那一天，一定会在某个温煦的下午到来。

因为闲变得毫无用处的人不在少数。人一旦闲下来，总想找点"堕落"的事情来做，荒废自己的人生，最后一点点演变成"废柴"。

我们都希望有闲暇的时间，让过于劳累的身子可以适当缓解压力，但太多的闲暇会适得其反，闲得过度反而找不到人生活的意义所在。

曾经看过一个段子，不知道是段子还是真事，觉得很有趣。

大意如下：

某博主有个朋友，在北京有 30 套房，他全部都租了出去，自己只住在一个小平房里。

他要求所有的租户必须押一付一，交租金的日期，他都给规定好了，从每月的 1 号到 30 号依次排下去。

他一天不干别的，每天的工作就是开着一辆帕萨特挨家挨户地去收房租，收到的钱当天就花掉，烧烤、撸串、洗澡、唱歌……

钱花光了，然后第二天再去收下一家房租。他常常请博主撸串，并且时常抱怨："活得太累了，每天起早贪黑的，还没周六周日，一个月顶多只能休一天。"

博主问他，你为啥不集中一两天收完所有房租呢，非要搞得那么麻烦？再说现在网银支付一键就可以搞定，干吗还要亲自跑一趟？

他看了博主一眼说，哥，这你就不懂了，我妈说过，人不能太闲，一闲下来就得废了。

撇开他有多少套房不说，但他明白一个道理，人不能闲，人一闲就得完蛋。

生命在于折腾，不管你怎么折腾，起码别让自己像一条"活死鱼"那样堕落。你还年轻，现在忙一点总比年纪大了再忙要好得多。

你越忙，才越不会迷失，才越知道自己存在的意义。

行走于世间，愿你善良温暖

前段时间，一段温暖的短片刷爆了朋友圈。短片讲述了一个关于最后一公里的故事，演员是请来的，但故事却是真实的。

一公里对于你来说会是什么？是紧赶慢赶的路程，是两分钟的车程，又或者是无关痛痒的风景？

但对于短片的主人公来说，一公里是善良的温度。

屏幕上的画面是这样的：

拥挤的马路中央，后座的乘客渐渐焦虑起来，前方头发已斑白的老拾却不急不躁地等待车流变得通畅，熟练地在手机上提前确认了行程。

乘客大声质疑："我还没到，还有一公里，你怎么提前结单了呢！？"

老拾回头给了乘客一个暖心的微笑，镜头一转，背后的真相娓娓道来：

老拾的女儿得了一种叫"克罗恩"的罕见病，老拾说自己也不知道那是什么病，但他知道的是，哪怕砸锅卖铁都要把女儿的病治好，要带她去省城看最好的医生，还她一个健康的未来。

无论是艳阳天还是雨雪天，一年 365 天，老拾都开车穿梭在大街小巷，一分钟都不耽搁。

只为"每天早起点，晚睡点，多拉几单活"，多赚一点钱。为了节省钱，一日三餐永远是清汤素面加馒头。

这一切都只有一个心愿，尽快把女儿的病治好。

人岁数大了，身体也不如以前那般健朗了，虽然腰上有点老毛病，但撑着也不影响他开车。只要心里有爱，什么苦难都能抵挡得住。

可命运就像一个顽皮又刻薄的孩子，总是喜欢捉弄生活中的勇敢者。就在他开开心心取完钱之后，却接到了一通电话，被告知他的车龄即将超过网约规定年限。

"没想到，我还撑得住，这车倒是先撑不住了。"

车就是他的一切，也意味着女儿的未来，没有了车，拿什么赚钱，拿什么给自己的女儿治病？

大雪纷飞的晚上，从来没有哭过的老拾趴在方向盘上痛哭流涕。如果不是绝望到极点，一个历经沧桑且年过半百的老人怎么会哭得如此哀痛？

好在这是一个有爱的世界，老拾的事情被各界知道后，在各种渠道的帮助下他有了一台合规的新车，女儿的病情也得到了控制。

那一年，老拾在一年内 2904 次提前为乘客结单。提前结单的那一公里，是他替女儿说的一句谢谢，对世界所有善良的人说的一句谢谢。

短短的 4 分钟视频却已足够震撼人心。但愿我们都善良一点，对世界宽容一点。

正如短片结尾所说：哪怕只有一公里，也要择善而行。

只要用心去发现，善良它处处存在。

你一个小小的善良之举也许能让人终生难忘。

看过一个很有趣的短片，是一个善心接力的故事。

街头上一个玩滑板的小男孩摔倒了，穿"Lifevest"衣服的救生员一路小跑上前，把他扶起来；

小男孩看见老奶奶双手抱了很多东西，想要过马路，他帮忙接过老奶奶手里的物品，扶着老奶奶过马路；

老奶奶看到一个年轻的姑娘为找零钱而发愁，于是主动找给了她；

年轻的姑娘在路上捡到了一位男士的钱包，追上他并物归原主；

男士看到司机正从后备厢搬东西出来，连忙赶上前帮忙；

司机看到街头的流浪者没有东西吃，就顺手买了面包和水送过去。

街头流浪的人看到女孩把手机遗忘到坐过的地方，拿起手机还给了她；

女孩看到一位妇人独自坐在餐桌前暗自垂泪，买了一束花送给她，临走的时候有人送给女孩一朵玫瑰花，赠人玫瑰，手留余香；

这个妇人临走时给了服务员小费，并报以最真诚的微笑；

服务员看到穿有"Lifevest"衣服的救生员很辛苦，于是笑着给他递上了一杯热水。

10 个不同的镜头，却在诠释相同的含义：我们都在做着善良的事。

镜头以救生员开始，又以救生员结束。

所以要相信世界是公平的，善良是温暖的。

善良的时候你只管善良，不要怀疑善良的初衷。

抖音上有一则小视频：

一名司机小心翼翼地为夜间前行的小学生照路，跟在学生后面足足 20 分钟。

快到路的尽头时，学生突然下车，恭恭敬敬地对着车主一鞠躬。

司机事后说，拍小视频时以为学生会讹他一番，但看到小学生的举动后，反而让他觉得很"羞愧"。

请放心，你的善良一定有人感受得到。你只管善良，不用怀疑善良的始末。

我自己的一个故事：

以前经营一家咖啡馆，有一个客人，临走前把信用卡忘在了桌子台面上走了。

我等了几个钟头，但是没有等到回来取卡的客人。

于是给银行打了电话，通过银行联系取卡人，让他回店里拿属于自己的卡。

接近打烊时，他来了。我把卡递给了他，他递给我一张名片，说以后有关于房子设计的事情可以找他。然后微笑着说了句谢谢和再见。

名片上印着的是一个业内小有名气的设计师。我顺手塞在了钱包里，以为不会再有交集。

后来有一次，朋友提及想重新设计一下工作室，我想到了他，

给他拨了电话，他说他记得我，说没问题，价格按市面上价格
的 5 折计算，说他会尽心去设计。

　　一次小小的善意之举，换来大大的"回报"。

　　当然，我不是说以善良换取利益，只是有时候你发自内心
的善良，也会让别人发自内心地想要"回馈"。

　　很多时候与其为善良喊口号，不如用行为去善良。

　　社会很复杂，但你不要复杂，你只管善良，但行好事，莫
问前程。

　　你善良，我善良，世界一起善良。

不回头，更不后悔

　　世界上有很多东西都可以用金钱买到的，无论多贵的东西，
一纸薄薄的钞票都可以为你的心愿购物单买单，可以给你带去
几分享受的快感。但唯独有样东西，是穷尽一生的心血也换不
来的，那就是后悔药。

　　可人是不守规矩的，面对那些后悔的事情，明知无药可买，
终究还是会忍不住，一次次去做那些会让自己后悔的事情。

即便知道未来某天可能会后悔，还是会让自己在当下过把瘾。过瘾之后，仰天长叹。

时至今日，如果问你有哪些后悔的事情，或许你可以细聊个一天一夜也诉说不尽。那些细小的或者深长的，总能让你有种自我亏欠感，但多半都只会深藏内心，任岁月尘封。

你有很多遗憾的事，或许你会后悔自己没有继续考研，后悔自己没有在毕业的时候勇敢地选择去北上广闯荡，后悔自己总是在最关键的时刻退缩，后悔因为自己的不挽留导致相爱的人越走越远，后悔错过一次次触手可得的机遇，后悔当初没有好好学习蹉跎了岁月……

说起这些事情，或许你在想，要是那一切都给你重新来过的机会就好了，如果从头来过，你一定会力挽狂澜，你一定会拼尽全力……但事实是，有如果吗？没有如果，没有假设。

你只有重新开始，只有一切往前看的可能，那些过去令你为之懊恼的都已经烂成残碎，无任何拼接的可能了。

我记得曾经有一句话，大意是这么说的，即便给你一次重新开始的机会，你也只会重复一遍你要走的人生。多么现实，但又如此真实。

的确如此，你什么都不能改变。你唯有改变或珍惜你当下的境遇，尽可能让自己的人生不留下悔恨。

上一次，在文章里写到关于后悔的主题，问大家最后悔的事情是什么。很多人在后台留言回复，都是后悔得让人心痛的故事。

那些贴在电脑屏幕上，密密麻麻而又沉重的文字，像一串沉甸甸的珠子压在人的脖颈上，挪不开身子，透不过气来。

我摘选了两个特别的例子。

如下：

A说，大学的日子离自己已经很遥远了，但一想到那件事情，就如同昨日一般，记忆犹新，像是被别人戳着脊梁骨说三道四。

他大一的时候，因为不爱学习，不勤于读书，考试经常挂科。他便抱着侥幸的心理，叫来本校同级一名优等生帮他代考。可世界没有侥幸，代考生被当场抓获。

他被传去谈话，他说辅导员的 5 个字要远比凌迟他一万次还要严重，辅导员在他跟前淡淡地说了一句：你被开除了。

不仅是他，还有代考的那位同学也被开除了，校方让他们联系各自家长，办理手续，领人回家。

他那时才意识到后果的严重性，在犯下错误前，他满心满眼都是想着自己在通关之后，如何庆祝一场瞒天过海的精彩表演。

他或许也想到过自己会被"不幸"逮住，但那种想法也被自己的侥幸给碾压死了，他以为那种"意外"那种"倒霉"的事情是不会发生在自己身上的。

但结局往往相反，他被结果弄得很难堪。当他得知自己被开除后，他终于忍不住不顾一切失声痛哭起来，哭他的过去，哭他的未来，哭得撕心裂肺。

那一刻，他觉得自己是无用的，世界上顶无用的人，他在后悔，后悔如果当初不找人代考，就不会被开除学籍，也不会开除他未来的辉煌人生，更不会连带着别人一起"遭难"。

如果给他一次机会，他一定不会干那种无脑的事情，即便挂科，他也老实选择重修。但事实上，没有如果，面对他的终极答案还是开除学籍。

他哭过之后，意识到后悔无用，终于觉得自己不能什么都不干，干巴巴地等死。他必须做点什么，有所行动，让大家看到他悔过的决心，他要把他的未来重新挽回来。

他去求系主任，用一颗最诚挚的心，最朴实的语言，他的肢体动作，他的面貌神情，都带着忏悔。A 求他给代考生一次机会，也求他给自己一次机会，他一定洗心革面，重新做人。

一次不成，去两次，三次，终于在第四次的时候，系主任松了口，虽然学籍开除了，但可以作为学校旁听生继续听课，如果到毕业没有挂掉任何一门科目，可以允许毕业。

他大喜。

他重新为自己赢回了一次机会，也为代考生赢回了一次机会。他不再像往常那样吊儿郎当，十分珍惜这次机会。他每个科目都会出席，认真做笔记，不明白的请教班上成绩好的同学，往后的几年亦是如此。终于在最后那年，他顺利毕业。

他说，虽然日子过去了很远，但每每想到这，他还是心有余悸。他的一念之差，差点毁掉自己，也幸好他自己及时补救，才幸免一场悲剧的发生。

他悲哀吗？悲哀。幸运吗？幸运。

但也不是所有人都会如他那般，可以挽救，可以弥补。

B说，他最后悔的一件事，就是他姥姥去世前，他没有帮她做最后一顿晚餐。

一直以来，B都想给她做顿饭，哪怕是给姥姥包上几个饺子。他是姥姥带大的，很小的时候，就经常吃姥姥包的饺子，姥姥包的那些饺子，不光是一顿美食，也更是她给予他关爱的精神食粮。他的爸妈几乎无踪迹可循，从小到大很少露面。姥姥既是天也是地。

他那个时候就想以后一定要给姥姥做顿可口的饭菜，让姥姥也尝尝她的手艺。

长大以后，因为忙，每次都有大大小小的事情。便今日拖明日，明日何其多，他没有拖到那一天。

当他下定决心抽出时间时，已经晚了，姥姥永远离他而去。

他痛悔不已。他说，那么简单的事情，他居然没有做到。即便解决外面多么复杂的工作，那又如何呢？

他的姥姥也许可以原谅他，但他原谅不了自己，所以一直备受煎熬，这件事成了心底永远的一块大疙瘩，挥之不去。

现在后悔又有何用呢？姥姥也不会再复活，日子也不会倒退，即便倒退了他也不会觉悟，还是会同往常一样忙。他只有自己真正觉醒，知道当下的可贵，才能让他不造成那种遗憾。

我们都深知，这个世界上最愚蠢的事情便是后悔。因为大多时候错过了便是永远错过了，不会再给你第二次机会。

即便像 A 那样有了挽回的余地，但终究落得一个不好听的名声，大家都会知道他曾经那么不"诚实"。

而 B 则是永远不可能重新回到过去，给他姥姥端上一碗热气腾腾的饺子了。

在后悔这件事情里，我们没有过去，只有当下。唯一要做的便是珍惜当下的任何机会，不让自己的未来会有后悔的那一天。面对那些已逝去的岁月，不必懊恼，只管向前看，奋力追。

你没有理由不全力以赴

好友在一家互联网公司上班，太忙了，加班是家常便饭。

创意出不来，一般都是很自觉的加到凌晨后。想不到一个好的方案，她连上厕所都恨不得抱着电脑，就为了"灵光"突然在某个瞬间蹦出来。

有一次周末，我看完电影已经是夜里 11 点了。路过她们公司，看到她们公司所在的楼层还亮着灯，给她发了个消息：你在公司吗？我在你公司楼下。方便的话，给你带了宵夜上去探个班。

她回复四个字：好呀，感谢。给她带了一杯奶茶，外加一个菠萝包，在门口等待她出来拿。

远远看见她来了，看着还算精神。我跟她说，别太辛苦，身子要紧。

她说没办法，加班的远不止她一个，好几个小组都没散，全都在会议厅抱着电脑想点子。每次想抽身离开的时候，想了想阿里巴巴的灯都还没灭，又挺了下来。

忘了说，她月薪三万，比同龄人高出一大截。

她说钱多一点，幸福指数会高一点，才会有控制生活的主动权。

想要生活得好点儿，你必须全力以赴，才有更多选择的余地。

任何事情，只要你全力以赴，哪怕只有渺小的希望，你都能看到巨大的能量。

听朋友说过这样一个故事。

朋友公司有个前台妹子，在她们公司待了三年。

大家都知道，前台是一个没有任何技术含量的活，稍微懂点简单的电脑就行。每天的任务也就是收发文件，打字复印，给各部门发通知，收发快递，给客户端茶倒水。说白了，就是个打杂的。

学不到什么东西，工资低，所以流动性非常大，一般待不了三个月辞职报告一交，就走人了。

但朋友公司的妹子却是个例外，一待就是三年。

有一次，一位客户来他们公司了解业务，但那天公司人手不够，没有人给客户讲解业务版块。

妹子得知情况后，自己主动上前跟客户说或许她可以。

但马上遭到了客户的质疑，一句话都没多说就拒绝了她。但妹子微笑着继续发起了第二轮"进攻"。她说我先试试，要是您觉得听着还满意，我再继续讲下去，不会耽误您太久时间的。

客户最终被妹子的真诚给打动了，同意她先讲。妹子条理清晰，对公司各个业务版块了如指掌，客户提出的问题她也能对答如流。

客户非常满意。

后来，妹子帮公司一举拿下了一千多万的单子，被指定成为该项目负责人。也从前台变成了销售部经理。

是什么成就了她？她不同于别的前台。别人都是机械性地完成任务，但她是用心在完成。哪怕只是复印一份文件，但她也会经常留意文件上的内容，比较重要的，她会做笔记。

闲下来的时候，她会了解公司的业务知识。久而久之，积累了很多关于公司的重要知识。

前台又如何呢？只要用心，变成公司总监也不是不可能。你以为不起眼的岗位，只要每一次出发全力以赴，都能超越一些所谓的重要人物。

你要清楚的是，足够优秀的人都在全力以赴，你更没有资格不去全力以赴。你做一件事情失败了，有时候不是你不行，而是你没有全力以赴。

就像曾经看过的某部电影。

年近四十的主人公，某天心血来潮想当漫画家。但只是仅仅幻想而已，因为他太会找借口了。

"先看会儿电视，说不定能找到灵感。"

"玩两局游戏，刚起床要放松大脑。"

"去喝点小酒，漫画家也要休息的。"

后来，良心发现，"我以前都没好好努力，以后要竭尽全力"。竭尽全力或许不会使他成功，但一定会使他离梦想更近一步。

为什么要全力以赴？因为你还不够强大，你的才华还支撑不起你的理想。

"知乎"上有一句话，这世界上90%的人都是你我一样的普通人，我们的生活就是普普通通的过日子，所以要不要全力以赴，就看你是不是想做这90%的普通人。

普通人好当，尽力而为就行了。但要想出类拔萃，成为那百分之十，你就必须不藏着掖着的全力以赴。

你要想比别人成绩好，也想比别人薪资高，过得要比常人好，你现在不全力以赴的去拼，你要等到什么时候呢？

我有一个学姐，读书的时候就是应付，应付考试，应付老师。工作了之后，应付同事，应付老板。

年过三十，一无所成。同龄人不是公司高管，就是自己创业小有成就的老板。

而她还在最普通的基层，经常与一群 95 后争得面红耳赤。

也会为生活，为下一顿发愁。

现在她也悔恨不已，说当初要是拼一拼就好了，青春全部被自己糊弄掉了。看吧，所有的应付都只会换来自己最后的难看而已。

人生只有一次，不管多么艰难，你都必须有一次倾尽全力的过程，无论结果如何，你都很了不起。没有人会嘲笑你，别人只会继续给你鼓励。而那些得过且过只是尽力而为的人，无论结局有多惨，都不会有人去同情。

没有方向的时候，你就适当地停下脚步想想，属于自己的"标准答案"是什么，找到自己的人生的中心点，奋力奔跑，不必回头，只管往前，一直跑下去。

如果事与愿违，请相信老天另有安排

她早晨在装修的吵闹声中起来，发现家里停了电，于是没有办法用热水清理下自己的脸，没办法烧一壶暖暖的开水洗一下沉睡一宿的胃，没有办法喝一杯热气腾腾的牛奶，吃一块香酥的面包，只能简单收拾一下出门。

　　刚进电梯，本来空荡荡的电梯忽然挤上来很多人，把她挤了下去，于是无缘无故多等了一趟电梯。

　　路上遇到大塞车，时针已经指向九点十分，冲进办公室，老板正在训斥其他两位迟到的同事，没躲过去，她也一起狠狠挨了一顿骂。

　　老板面无表情地告诉她，今天如果再拿不下重要客户就要卷铺盖走人。她小心翼翼地说方案都准备好了，一定会拿下这位准客户。

　　谁知客户似乎对她的方案了如指掌，在她说话前，已经说完了她想要表达的创意方案，并说刷掉的一大批人都用这样的方案，太没创意了。

　　于是她只好急中生智，把她今天早上倒霉的事情说出来，变成了一个新鲜的创意方案。

　　客户说他需要考虑考虑，这么说一般就是代表没戏了。于是她的老板下了死命令，让她马上滚。

　　倒霉透顶，心里暗暗用力骂。她垂头丧气地收拾好东西回到家里。

　　敲门声响起，是搞装修的邻居。他说检查电路的时候，发现你家的电闸坏了，把它修好了。她连连道谢。

　　电话铃响起，她接了，是白天那位说"考虑考虑"的客户，他说她的创意很大胆，想让她去他们公司当创意总监，问她去不去。

她笑得合不拢嘴，直喊：去，去，去。

没错，以上就是小品《一切都是最好的安排》里的内容。

很多时候，我们的生活也跟小品里面的情节一样。倒霉的事情一件接一件，让你无奈，让你感到绝望。

但生活往往就是你在哪里跌倒，只要你勇敢地爬起来，你就能飞起来，飞得更高更远。

你莫绝望，绝望中一定带有希望。只不过在那希望来临前，你要耐着性子生活。

当然，小品的内容虽是生活，但却只是生活苦难中的一个棱角。现实往往更残酷，真相令人更加窒息。

朋友的一位校友，比她小一届，研究生毕业。别人的人生不如意十之八九，他的人生不如意是"十之十十"。

要怎么描述他呢？用太苦了这个词吗？那就用着吧，确实是苦哈哈的。

他的家庭是困难户，有一个患有精神疾病的妈妈，有一个身患癌症的爸爸。

据说他妈妈是年轻的时候被吓成那样的，没有及时治疗，落下了病根。他妈妈病情发作的时候，他经常要耐着性子哄，时不时会挨她骂，他还要一脸笑意盈盈。

他爸爸得的是癌症，没少花钱。他自己上学也要花钱，便跟银行贷了十几万，其他的时候，他修修电脑手机，兼职赚点钱。

他应该是他们村子里最"倒霉"的孩子了，享受不到一个"健康"之家的快乐，只能用自己的青春赌明天。

读研究生期间，也并不是那么顺利，时常被导师压榨，被叫去给别人无条件干活、打杂，连交电费那种事都需要他代劳，没有一分钱工资。

这也就罢了，关键是毕业课题，导师也从没指导过他，也就意味着面临毕不了业的风险。

后来，他遇见一个女生，那女孩是他喜欢的类型，他自卑，一开始不想去追，但在同学的怂恿下，喝了两瓶啤酒，才鼓起勇气去对她表白。

女同学支支吾吾地拒绝了，言下之意是嫌他家境不好，怕跟他在一起自己要倒贴太多。

那一刻，他才觉得自己太倒霉了，幸福远离他，不如意的事紧紧粘着他。往前走，看不见头，往后走，没有退路。

真的走不下去了吗？

……

没有。

没人指导课题，他一点点挤出时间看文献做题目，精神压力大，但也扛了过去，后来顺利毕了业。

面对贷款的压力，同学们都时常照顾他，会介绍不同的人过来，多给他修几台电脑，他自己也会经常在外面跑一跑，每月能定期还上一点贷款，一切也还好。

爸妈的病情也都算稳定，不用太焦急。

有一天，那个拒绝他的姑娘突然回到他身边，说要跟他在一起。她说都是自己愚昧，那阵子看到了他的上进心，也看见了对他爸妈的孝顺，觉得他是一个可以托付终身的人。

现在，他跟姑娘结了婚，他们一起赚钱，贷款还掉了一大部分。

爸爸的肿瘤顺利切除了，没留下后遗症，身体如常，能照顾妈妈。

……

你看呀，所有的故事都会有答案的，也许答案不是那么天遂人愿。但最重要的是，答案来临前，你一定不要放弃啊，你要在绝望中等待你的运气降临。你要知道，当一个人倒霉到极点的时候，就是他好运加身的时候了，因为他已经无处可"霉"了。

谁没有倒霉过几次？我自己就面临过很糟糕的一段日子。

连续几个月找不到合适的工作。

没及时交房租被中介扣掉好几百块。

跟室友闹矛盾双方好久不说一句话。

刚买的手机不到一天，就落在了火车上。

最惨的时候，一日三餐就着几块钱的榨菜，连续吃了 15 天泡面。

……

真是到了喝凉水都塞牙的倒霉时刻，没一件顺心如意的事，绝望到怀疑人生。

那样的日子灰头土脸的大概过了半年，可能是老天实在看不下去了，就时来运转了，做什么都出乎意料地顺利。

其实，也只能说自己一直在硬挺着，没有找到工作的那阵子，爸妈天天电话轰炸，让我回老家老实找个男朋友结婚，安定下来。我当然没妥协，撑了下来，天天都在加强技能，打磨手艺，在秋天那个安静的季节，老天赏了我口饭吃，进了心仪的公司。

后来，我主动跟室友道了歉，说自己前一阵子心情低落，易怒，她也很快原谅了我。

老天的厚爱不能同时分给很多人，太忙，顾及不来，但只要你安心等着，实诚一点，踏实一点，它迟早也会把爱给你的。

活着的真谛，你有你的使命

使命无疑是个沉重的词语，既笼统又鲜明。但人活于世间，每个人都会肩负自己的使命，或相同，或不同，都有各自的意义。

去年看过一部电影，叫《一条狗的使命》，在影片里，我似乎得到了关于使命的一些答案。虽然"物种"不一样，但含义却相同。

电影讲述了一条叫贝利的狗，它有四次轮回，四次生命，每一次跟随的主人不一样，使命也大不相同。

它的第一次生命是一条流浪狗。被伊森父亲收养，伊森的父亲是一个嗜酒如命的人，伊森原本快乐的家庭，因为父亲的嗜酒，变得终日弥漫着压抑的气息。

而他父亲领回来的那条狗成为他在家里唯一的快乐，贝利成了伊森最重要朋友。

他们朝夕相处，一起疯玩，从伊森的童年到成年，贝利无处不在，他们是彼此重要的守护者。

贝利甚至为伊森制造他与心仪女生汉娜在一起的一次次机会，在那样的契机下，伊森和他喜欢的女生相爱，贝利成功地帮助他追到自己喜欢的姑娘。

后来，伊森去外地念书，留下贝利与伊森的爷爷奶奶一起生活。贝利黯然神伤，最好的朋友离开了自己，它独自忧伤，对一切的探索都失去了欲望。

它年纪渐长，思维和行动都在逐渐下降，最后也抵不住生老病死的常态。伊森在它闭眼之前赶回来见了它最后一面，它在安乐中死去，走完它的一生。

贝利的第一次使命是什么？它的使命就是陪伴伊森成长，做他最真实的伙伴，让他开心快乐。

　　贝利的第二次生命是一只警犬，它的主人是一名警察。那个时候的它自然也不叫贝利，它有了一个可爱的名字，叫艾莉。于贝利是脱胎换骨后的重生，一切都是新开始。

　　艾莉配合警局完成了一次又一次的任务，一次次受到嘉奖，陪伴主人的同时，不忘记自己的职责：救人与护人。

　　在一次任务中，它救了一个掉下水坝的女孩，又为中了埋伏的主人挡了子弹，子弹击中肉身，艾莉奄奄一息。主人泪水相送，它毫无遗憾的离世。

　　艾莉（贝利）的第二次使命是什么？即，无丝毫杂念，当一名合格的警犬，同时陪伴孤独的主人。

　　离世的贝利再次迎来第三次生命。

　　它又有了一个新名字：柯基蒂诺，它被一个善良、却内向的黑人女孩收养。她们一起走走停停，它了解她，她也了解它，一个眼神都能看出对方在想什么。

　　它看着她扑到自己心爱的人的怀中，它陪他们一起搬迁新家。柯基蒂诺尽自己所有的努力，去陪伴，去守护主人。

　　最后，年纪渐长的它在黑人女孩的细语中安详离世。离世前的那一刻，或许柯基蒂诺在脑海里快速的回放了它和黑人女孩在一起欢快的时刻，它过得很幸福，放映完后，合眼离去。

　　在柯基蒂诺（贝利）的第三次生命中，它也曾思考过它的使命。

　　它的使命是什么？陪伴主人成长，看着她走向自己的人生归宿，找到她的幸福。治愈她的孤独，给予她温暖。

柯基蒂诺的第四次生命如同第一次一样，是一只被抛弃的流浪狗，它的名字叫巴迪。

它在被丢弃的地方四处流浪，它的嗅觉帮助它找到了那股熟悉的味道："火车，苔藓，树，马，垃圾，还有那条像马的狗。"

它顺着那股熟悉的味道，找到了它第一世的主人，它闻到了属于伊森的味道。

它欣喜若狂地扑向伊森的怀抱，但此时的伊森已经认不出它了，它换了一个躯壳，只是藏着前世的记忆。而伊森早已不是当初的少年，而是一个两鬓斑白的老人。

伊森也不如往前那般明朗，他终日郁郁寡欢，过得很不快乐。巴迪想尽一切办法想让他开心起来，它想到了汉娜，那个在命运安排下也住在附近的汉娜，巴迪让他们相遇重逢。果然，伊森恢复了往日的笑容。

但巴迪还不满足，它想让伊森重新记起它，于是它用抛橄榄球的游戏唤起了主人对它的记忆。

最后，贝利说：当了几辈子的狗，我终于明白了，首先要开心，只要有可能，就竭尽全力去帮助别人，舔你爱的人，对过去的事不要总是一副苦瓜脸，对未来，也不要总是摆着一副苦瓜脸，只要活在当下。活在当下，这就是狗的使命。

贝利在第四次生命里，再次圆满地完成了它的使命：活在当下，对自己爱的人竭尽全力。

狗的使命尚且如此，人的使命呢？又何尝不是活在当下，不以一副苦瓜脸对待众生与未来。

而我们呢？我们活着的使命呢？

或许是在做一件事情的时候，认真，负责，有始有终的投入。又或者是对一个人真诚坦诚且不留余地的付出。再或者是给予亲人最好的生活，让他们健康快乐，过着无忧无虑的日子。

在保证自己安足的前提下，力所能及的去照顾身边需要帮助的人，把自己的真心赋予到世界每一个需要帮助的角落。

照顾好自己，照顾好家人，照顾好朋友。用心去追逐事业，去追逐内心的理想。

当然，每个人的活法不一样，使命自然也不相同。

如果你出生在一个贫穷的家庭，那么你的使命自然是让家人过上无忧无虑的生活。

如果你生活富足，那么你的使命就是多陪伴需要温暖的家人。

如果你正在考大学，那么你的使命就是铆足劲，考取好学校。

如果你是一位丈夫或者是一位妻子，那你的使命就是照顾，呵护好家庭。

如果你是一位公司职员，那么你的使命就是为公司创造利益，为老板尽忠职守……

我们所处地位不同，使命也大不相同。但你要相信，既然活着，你就一定有属于自己的使命，需要自己去完成。

少点抱怨，多点行动

爱抱怨几乎是人的通病，各有各的不同，抱怨家庭，抱怨出生，抱怨生活，抱怨工作，等等。

抱怨管用吗？如果抱怨管用，那所有人只需要张一张嘴，便能轻松巧妙地得到自己想要的。与其抱怨，不如把抱怨的时间用在行动上，去改变那些令你不满意的地方。

生活中，见过那种张嘴就来的，肢体浑身是戏地配合他的"演讲"，比如："我挣着这点钱，一大半奉献给了房东"；"做着几个人的工作，起得比鸡早，睡得比狗晚，也不给我涨点薪水，我图什么"；"为什么别人总是这样做，一点都不尊重你内心的想法……"。

这样的内心戏码在无数次被"折磨"之后，全部变成了连珠炮弹，从嘴里发射而出。

但有用吗？没用。

你挣钱少，为什么不想尽一切赚钱的办法？还是因为自己懒惰。如果挣到了足够多的钱，想必也不会有那么多怨言，还是自己毫无能力，或者过于懒惰，舍不得付出成本，又想收获，收获不成便满腹牢骚。

你抱怨自己一个人做几份工作，但你自己反思过自己的价值有多大，能为公司带来多大的利润吗？如果没有，不如闭嘴，踏实做事，继续修炼专业技能，臻于化境，再谈自己的实际问题。

爱抱怨不光对自己不利，同样也不利于他人，既消耗自己，也消耗他人。因为你所有的负面情绪都会给他带去不同程度的影响，久而久之，会让人对你产生逃避心理，不愿意跟你接触，不愿意与你做朋友。

显然，一味抱怨是得不偿失的。

有人把抱怨当作是一种宣泄的方式，当然，宣泄可以，过度的宣泄，显然就是把对方当成情绪的垃圾桶，会适得其反。

曾经有一个朋友，从来只会用嘴巴开路，负能量满满，导致所有人见她避之若浼，我也不例外。

一开始，大家都觉得她是个不错的人，好相处，也热情。但久而久之，她爱抱怨的性格就暴露出来了，小到家里芝麻粒的小事。

例如，她家的猫又不在猫砂里大小便，随处解决，不同于其他家的猫，是个野猫。

又例如，她的室友成天喜欢占她小便宜，多吃了她两块面包，多用了她一卷抽纸。

就这点碎碎的事情，她可以反反复复跟你唠叨好几遍。遇到人生大事，例如工作，婚姻方面的话题，就更没完没了，可以围绕那个主题"舌战"三天三夜，吐尽苦水。

时间一长，所有人都觉得应该离她远点儿，以免影响自己的好情绪。

其实，抱怨无非是自己的能力太弱，而想要的太多，自己又没有办法去解决，于是心生一肚子的怨气，想要发泄。

对现状的改变无能为力想要抱怨，达不到自己所想需要抱怨，不能如愿以偿想要抱怨。

不如把抱怨的时间用来学习，用来工作，用来解决实际问题。如果你抱怨的是工资少，那没事就在办公室多待一个小时加加班，虚心向前辈请教，不要频繁换工作，把一个行业的性质摸透，或者多考几个对工作有帮助的证书，争取在短时间内达到自己预期的薪水。

再者，你需要挤出更多的时间正视自己，反思自己。这样会让自己加速成长。

我有个同事，典型的抱怨型人格，编剧一枚。

她每次都会数落公司的各大缺点，小到前台，大到老板，规章制度，通通数落一遍。

然后待了不足两个月，就以各种各样的理由来辞职，走人。一年的时间换了六次工作，似乎每一次都有不小的缘由，导致她不得不痛下决心辞职。

其实，她去的那些公司，每家公司开的待遇都不错。没有时间规定说是哪个剧本必须在规定的期限赶出来，而且人性化办公，按月开工资，从不拖欠，公司有各种福利，办公环境优越，定期旅行，五险一金，配备齐全。

但是她总有种"欲求不满"的感觉，企图拿得更多，老板过于压榨她，于是频频向同行吐槽。可反过来看，据我所知，她所在的那些时间里似乎没有拿得出手的东西，也没有为公司创造过任何实质性的价值。

她拿了钱，磨了青春，损了嘴巴。后面几家公司也如出一辙，在一家公司混上几个月立刻便会走人。

出来之后就开始抱怨公司种种"对不起"她的地方。其实公司也不亏欠她，是她亏欠公司太多。

但她那样的人怎么会懂得呢？她抱怨的缘由实在太低级，不是加班多就是太磨人。可哪个行业又不是如此呢，开出你与实际劳动匹配的薪水又有什么不满足呢？

几年过去了，如今她还是和往常一样，没有出一个成品，天天混着日子，混着薪水，还一边抱怨那些曾经填饱她肚子的老板们。

她从未正视过自己，或者是因为能力不足才导致她不得不隔三岔五地换工作，怕时间太久，暴露自己的缺点。她根本无法胜任那个职位，于是自己先发制人。

如果她改一改自己的态度，能踏实做好一件事情，即便时间的期限稍微长点，她也会得到像样的成绩，留下的几率会更大一些。

　　我有一个优点，非自夸，那就是几乎不抱怨。因为我很清楚，那无济于事，只会增加别人的负担，为了不给别人造成压力，我即便真的很苦恼，也会一遍遍自己开导自己，逐一去解决问题。也许，那就是为何身边的人都喜欢与我待在一起的原因吧。

　　抱怨，会暂缓你成长的步伐，削弱你对生活的热情，若想成为更好的人，必须停止抱怨，把抱怨付诸在行动上。

NO.4　欢喜，在每个早晨

　　当你年轻时，以为什么都有答案，可是老了的时候，你可能又觉得其实人生并没有所谓的答案。

——《堕落天使》

长得漂亮不如活得漂亮

一直都很喜欢看关于民国时期的故事，民国有两个人我记得比较深，一个是林徽因，一个是张幼仪。两个都是跟徐志摩有密切关系的人，一个是徐志摩苦恋的对象，一个是他的结发妻子。

对林徽因的印象深是因为她这个人的命太好了，三个才华横溢的男人死心塌地地喜欢她，金岳霖更是为她终身不娶。她家世好，人品好，长得也好，什么都好。

当然了，我今天的重点不是说她，而是说一说看起来比她"悲惨"得多的张幼仪。

跟林徽因比起来，张幼仪看上去就要落寞多了，她在父母之命和媒妁之言下，嫁给徐志摩。跟他结婚四年，他们相处的时间少得可怜，一共只有四个月。

他对她太冷漠了，宁愿跟家里的仆人说话也不愿意对她说一句多余的话，这样的冷暴力，估计是折磨人的。

他嫌弃她是到骨子里的，她千里送温暖，他只嘲笑她土包子，她的爱是不值钱的。

徐志摩对谁都好，唯独对张幼仪，从心里到嘴里都狠到了极点。

她怀孕，他说你打掉。她说有人因为打胎死掉的。他回复：还有人因为坐火车死掉的，难道你就不坐火车了吗？两个字：绝情。

那时他爱林徽因爱得发狂，完全不管刚生完儿子的她需要照顾，他追到柏林要离婚。

没有比这更惨的了吧？

一个女人竟然沦落到这般地步，是有多缺爱。

张幼仪努力了很久，都没有挽回那个男人一丝的爱，全是冷漠加无情。女子千万不要留一个不爱自己的人在身边，任凭你多么爱他。

最后一刻，她终于脑袋开了窍，在离婚协议书上签下了自己的名字。

离婚，已经是一个女人的大痛了。没多久，她的小儿子彼得就死掉了。离婚丧子之痛简直就是巨大的打击，她一个人忍受人生最灰暗的时光，跌到悬崖谷底。

如果是寻常女人，很有可能倒下再也站不起来，但她不是，她明白，她必须坚强，靠自己振作站起来，别人的怜悯，换不来自己的未来。

她开始频繁的在事业场所出入，出任上海女子商业银行副总裁。

她总是那个早上去得最早，晚上走得最晚的那个人。每天的时间都被安排得井井有条，无丝毫错乱。

离婚后的她简直就是一部励志大剧。

她多方面涉猎，在金融界屡创佳绩，股票市场也出手不凡，她创立的公司还成为当时上海最高端最时尚的汇集地。

离婚之后，她反而获得了前夫徐志摩的赞美，他赞美她：一个有志气、有胆量的女子，这两年来进步不少，独立的步子站得稳，思想的确有通道。

是的，全是拜你所赐，才能有今日华丽的张幼仪。

什么叫活得漂亮？烂泥地里，潇洒站起来往前继续走的人就是活得漂亮的人。

如果你长得漂亮，那很好，那是你的优势。如果你还能活得漂亮，那人生就会如虎添翼，所有的精彩都会走向你，你也会吸引更多的眼光。

如果你长得不够漂亮，那也没关系，你把自己的本事变得强大点，你的才华，就是你最华丽的外表，任它岁月年华，也无法洗掉。

不怕别人阻挡，只怕自己投降

吴京拍《战狼1》的时候，遭遇了很多困难，没有投资方，因为没人愿意投资一个不太火的人。也没有人肯接拍，当初答应来演《战狼1》的演员，关键时刻都说没时间，不愿意来拍。

没人鼓励也就算了，还时不时出现一些打击人的话：小吴，不要搞了，真的不要搞了，你会赔的，没有人愿意看的，别傻了。

可是那些根本阻挡不了他的步伐，他还是坚持把电影拍出来，把自己的房子做抵押，倾家荡产来拍摄这部电影。

他用自己的极限来挑战这部电影，最后成功了，电影连获多个大奖，口碑一流。

没多久《战狼2》上映，大获成功。几乎在中国电影界掀起了一场巨大的风暴，它创造了华语票房最高56.83亿的票房纪录，更是被外媒评为最接近"好莱坞"的中国大片，成功挤入了世界影史前100名。

其实，在电影没有开拍前，他也没有预想过有这样的成绩。早在2014年，他在《开讲啦》说：准备了6年，终于开机了，我是出品人，自编自导自演，但是直到拍完那一刻，还是有很多人不看好他。

可是不看好又如何呢？最主要的是自己有那个信心，能撑起与全世界对抗的决心。他不忍心放弃自己的梦想，因为梦想很贵，他得小心翼翼地去守护。于是，认真的人最后成功了。

孙杨的微博上有一句话：我不怕千万人阻挡，只怕自己投降。他最大的困难不是别人，是自己与自己的较量。

从1997年开始学习游泳至今，21年了，孙杨16岁破亚洲纪录，19岁破世界纪录，在世界大赛上他前后获得过12枚金牌，90多枚国内外大赛金牌。打破了一个世界纪录，两次荣获MVP，获得3枚奥运金牌，7年未间断大赛夺金，12次世界冠军。

他是别人心中的冠军，也更是自己心中的冠军，因为他战胜了每一次的困难，拼劲全身最后一丝力气去为国家夺得那份荣誉，为自己争得一口气。

那些荣誉的背后，全是伤痕垒起来的，孙杨每天要在水里游够两万米，长时间的浸泡，他的指纹已经全部消失了，不仅如此，还患上了甲沟炎，脚上做手术的时候，缝了二十多针。肩部充血，意外骨折是常有的事。他颇有感触地说，运动员成功背后的心酸，冷暖自知。

每一次残酷的训练，都是对自己极限的挑战，不管多难，他都没有退缩，他不愿意放过自己，因为他不会向自己的懦弱屈服。

在孙杨看来，他最大的敌人不是对手，而是自己。他必须疯狂地挑战自己，才能在最后一刻反击敌人。他说只要没死在水里，就会一直坚持游下去，自己不倒信念就不会倒，如同那根"定海神针"，牢牢在心里伫立。

朋友跟我说，她怕水，所以一直都学不会游泳。每次看别人去海滩，以各种姿势在海水里畅游的时候，她都很羡慕。羡慕归羡慕，但她就是学不会游泳。

为了让她学会游泳，她的男友甚至不惜重金在当地给她找来最好的游泳教练。

她看着那池子水直摇头，像水里有什么妖怪会把她随时吞掉一般，各种惶恐。我们都告诉她，先试试再说，实在不行再放弃也不迟。

但怎么说都没用，衣服换好了，装备也穿好了，就是不肯下水。就在我们打算放弃离开的时候，她突然扑通一声掉到了水里，四仰八叉地乱踹，表情也很怪异，像一个溺水快要死掉的人。

教练下水把她拉了上来，她边喘边吐，我们以为她会大骂一通。没想到没过几秒，她哈哈大笑了起来：原来也没什么好怕的嘛，也不过如此啊。

那次以后，她倒是能痛快地学起游泳来了。她的男友应该功不可没，因为让她下水的那一脚是他踢的。

人就是经常被自己的心魔吓得不敢去尝试。很多时候，你不去试试，怎么知道自己不行？自己都不相信自己，别人怎么能去相信你？

喜欢给自己施压的人走得都不会太轻松，因为还没走就被自己吓倒在半路上了。

强大，不是暴风雨吹打了你几次你都没倒，而是面对它无数次暴击你都没有倒。

只要你不倒，一切就有希望，向前一点，就能离幸福更近一点，踮起脚尖，你就能拥抱天堂。

无趣的世界，有趣的灵魂

有一句话说得好：无趣的不是世界，而是因为自己没有坚持有趣的活法。

世界无趣吗？世界自然不无趣，它是绚丽多彩的，五彩缤纷的。既然世界不无趣，那就只有低头看看自己了。

我曾经也是一个极其无趣的人，连装扮自己都懒得动手，一个月三次面膜不能再多；不想多买一件衣服，两件白色衬衫可以来回换几个季节，只求整洁；不愿意去认真交往一份感情，太浪费时间；不想多交朋友，永远几个旧相识；没有太多爱好，一成不变。

朋友说："你跟活死人没有什么太大区别。除了上班、吃饭、睡觉，偶尔看看书，你看看你还做了些什么。"

对于糟蹋自己极短的青春这件事，朋友显得比我还气愤。

对此，我也会浅浅的反驳几句，那是我乐意，与他人无关。嘴巴是不痛不痒的不承认，但内心诚实得很，其实我就是太懒，对，可以把这一切归咎于懒惰。

不是不想活得新鲜一点，是觉得那些东西太复杂了，关于复杂的一切我都不想去费劲。

所以，当别人把日子过得极其有趣的时候，我内心还是挺羡慕的。

听说哪个朋友周末又去踏青了；哪个朋友在一个月内看了8部有内涵的电影；哪个朋友交往了一段甜蜜的爱情；哪个朋友在最后一次终于考到了驾照；哪个朋友又登山了泰山的山顶；哪个朋友去西藏转了经筒……

虽然羡慕，但还是不足以唤醒我沉睡已久的身体。

令我改变主意的还是那次，我无意间从朋友们的口中得知，曾经一个特别胆小的姑娘，在北卡州的三角区，从一万米的高空纵身而下，完成了一次完美的高空跳伞。她流着热泪说她曾经多么多么害怕，但还是闭上眼睛勇敢完成了，发现最后害怕的一些东西，勇敢尝试之后也不过如此，那一刻，她很骄傲。

听着她的那些经历，我的心才开始突突突地跳动起来。

那一刻，我才发现，那个曾经胆小的姑娘是一个很有趣的姑娘。

　　我也明显觉得糟蹋青春是一件非常罪恶的事情，我变得勤快起来。那种勤快是于无形中进行的，是微妙的。起码我稍微活跃一些了，开始变得主动了。

　　当思想变得灵通了一些后，我开始按照自己的意愿去生活。尝试一些以前不敢做的事情、不愿意去做的事情。不熟悉的陌生人找我说话，我也不再一副"僵尸脸"，露出了八颗难得见光的牙齿。

　　于自己本身而言，开始在意脸部的妆容和外在的形态，开始习惯18道不同的繁琐，花精力把自己雕琢一番。毕竟想要活得有趣点，还是要先从自己下手的吧。美化好自己之后，才能对外在事物有更多的幻想。

　　当然，也渐渐多了些收获。以前看电影只在意结局，死没死，在没在一起，不懂得细节欣赏，例如里面的服装有什么来头，布景如何等，从来没有特别关注过。了解一些不同的细节后，倒也觉得有趣，不光只是电影本身，似乎还了解到了电影之外的小知识。

　　好友说，总算是看见你"开门迎客"了，问我感受如何，我回答两个字：敞亮。

　　对生活认真了之后，周围的事物都变得有趣起来，相同的问题，不同的角度去思考，会有不同的收获。

　　尤其是近两年，年龄逐渐变大，更加懂得怎样去做，才会让自己本身无趣的生活变得有趣一点。想必，就是处处多留心，处处都热情。

哪怕每天改变一点点，都是一种进步，哪怕那种改变并不能改善太多，但要相信等积累到一定程度的时候，精彩会瞬间爆发的。

后来，也总是有人跟我说，姐姐，你的活法真好，感觉经常跟你待在一块自己都变成了另外一个人。

勤快点儿吧，我只想说。不要太懒惰，不要太束缚着自己。其实，做一个有趣的人很简单，哪怕是在一件事情上执着，你收获到意外的惊喜以后，你也会觉得它很有趣。

人生很短，青春更短，活得任性一点吧，别太拘谨了。吃你想吃的菜，看你想看的书，爱你想爱的人，去你想去的地方，做你想做的事。要学会在大染缸里挣扎，要学会在万千思想里做抗争。不要把自己的意愿放在篝火上去烤，烤得体无完肤，烤得灰飞烟灭。总之，尽可能成为一个高级的自己吧。

其实，这些简单的事情很多人都可以做到。至于无趣还是有趣，每个人的点不一样，但只有自己找到了喜欢的那个点，多一分耐心，任何事物都会变得有趣。

还有一个关键点，若想更有趣，要想成就有趣必须先成就自己的思想。你要阅读海量的书，在书里疯狂地学习，去了解一些你从来都不会的知识。

打开无趣的大门，勇于接受新生事物，想必你的生活的精彩度会变得不一样。

你左右不了世界，但你能决定你自己，决定自己一生的精彩度。那就是，你要活得有趣点儿，从里到外的有趣，灵魂与躯壳的有趣。

拿什么拯救你的懒惰

你身边肯定有不少这样的人吧？除了吃喝玩乐，别的事情已经唤醒不了她（他）了。学点什么东西便三天打鱼两天晒网，干点什么就力不从心，沮丧到了极点，但一听到有好吃的，有好玩的，可以立刻起身奔腾。

不出意外，这应该是一个普遍的现象。但是很多人对这一现象的解释就是，我有拖延症，治不好的那种。

其实，所谓的拖延啦，逃避啦，说到底还是太懒了，懒到不想费神去面对，动手去做。

在"知乎"上看到一个问题，问：懒惰真的会上瘾吗？

下面一长串答案里，有个很有趣的回答：

下个月交稿，现在很轻松的玩游戏；

还差 20 天交稿，紧张的玩游戏；

还差 10 天交稿，焦虑的玩游戏；

还差 3 天交稿，崩溃的玩游戏。

……

虽然有趣，但也很现实啊，身为"同稿之人"，真想给一万个赞。

懒惰真的会上瘾，懒惰很爽，但你只要放纵自己一阵子，你会"一辈子"都想在那个快感里循环。

痛快是痛快了，但你有没有想过后果？

拿我自己来说吧，跟上述答案差不多。当然我不是玩游戏，我是在拖延，上面也说了，拖延就是变相的懒惰。

拖到最后不得不完成的时候，就拼命赶，时间短，稿子多，能产出多少有深度的文字？自然是粗糙不堪，读者也不傻，你写的那些东西，连自己都不喜欢，拿去骗读者，谁会领你的情？

结果自然是声色俱厉的被退稿！这就是懒惰带来的很严重的"车祸后果"。

还有人问，懒惰可耻吗？

懒惰不可耻，懒惰是天性。你可以偶尔那么懈怠几回，但长时间懒下去，那就可耻了，而且非常可耻。

要想不懒惰，就要养成良好的工作习惯，不要过度放纵自己，对自己稍微狠点儿。不然当懒惰一旦缠上身，就很难再摆脱掉。

我们都太聪明了，把聪明劲儿都用在为自己找借口开脱上。我们为自己的懒惰找出的理由，都挺漂亮，拖延逃避另说，生活中最常见的借口就是：

时间不够了，太晚了，今天先这样吧；

我再玩一下下，反正一下下也不会耽误太多时间；

最近太忙啊，忙得我还没想起来那件事儿，要不就先这样吧。

我身边有个朋友，就是典型的"懒癌患者"。

上午不工作，聊天，打游戏，舒舒服服地过去了，下午开始紧赶慢赶，做不完的就延迟到明天去了。经常在例会上成为被指名道姓批评的对象。

说好的下班要去跑步一小时，一到家，屁股粘上沙发就舍不得动了，健身卡都快到期了，她也没有去几次。

约好周末一起打羽毛球，结果一觉睡到下午一点，支支吾吾地打电话说抱歉，能不能约下次。

辞职三个月，说要多培养一点兴趣爱好，插花、画画、游泳，全面开发一下。一晃三个月过去了，什么知识都没长，光腰上长了五斤肉……类似这样的例子有点多。

你不懒惰，懒惰就没办法一直赖上你，你要用自己的意念告诉自己，如果再懒惰下去，会给自己带来什么样的恶性后果，多想想自己的损失。

有一句话说得很对，"做不做"和"做得好不好"其实是两件事情，前者的意义远大于后者。

《箴言》里说过一段话：

"懒惰人哪，你去察看蚂蚁的行径，就可得智慧。"

"蚂蚁没有元帅，没有长官，没有统管，尚且在夏天预备食物，在收割时聚敛粮食。懒惰人哪，你要躺卧到几时呢？你何时睡醒起来呢？再睡片时，打盹片时，抱着手躺卧片时，你的贫穷就必如强盗来临，你的缺乏就必如拿兵器的人来到。"

快醒醒吧，懒惰使人沉睡，只会越陷越深。

如果你还想懒下去，你可以去银行查查你的户头还剩下多少钱，用钱来刺激一下你的"沉睡欲"吧。

能不能买得起房？够不够还一个月的房贷？这个月的份子钱要给多少？孝敬父母的钱都留出来了吗？……

如果没有，那你赶快起身，要是还起不了身，那就只能维持一辈子平庸的常态了。

不然你看，从古至今，那些成功的人，谁不是用勤奋换来的。

小时候犯口吃病的德摩斯梯尼，登台演讲时声音含混，发音不准，于是，他每天含着石子，面对大海朗读，50 年如一日，最后成为全希腊最有名气的演说家。

郎朗小时候每天早晨 6 点准时起床，练琴一个小时，中午再练一个小时，放学后回家再练一个小时，勤奋练习持续了很多年。

……

如果不是当初对自己狠心，何来今日的成就呢？不说让你有那般勤奋，能够学到人家的十分之一即可，都能在自己的小领域内成就一番事业。

"勤能补拙是良训，一分辛苦一分才。"你总是想享受美好的劳动成果，又不愿意付出一丁点劳动，眼巴巴等着好运降临，这怎么可能呢？多少有点儿痴人说梦的意思。

一懒毁所有啊。少年，你们多保重。

我在努力生活，就能忽视孤独

很长一段时间，我都没有出去参加任何聚会，也没有约见任何一个朋友，娱乐活动基本不存在。

朋友阳给我发来消息，问我发生了什么事，玩起了消失。我说我没消失，就是一个人待着而已，喜欢一个人待着。

她说一个人待着多无聊，多孤独，应该多出来走动走动。我心想，一个人待着就一定需要找个人陪伴，就不孤独了吗？

不是的，孤独让我更加充实。

在那期间，我看了20本书，给新书定了选题，看了10部电影。那段时间我收获很大，进步也很迅速，也有独立思考的空间。

以前从没想过独处能给我带来那么大的乐趣，在那以后，我几乎爱上了独处，从不觉得独处是一件多么可怕的事情。

朋友说过关于自己的孤独时光。

他说孤独的时候看过 100 多本书，包括很多方面，也许很多内容都不记得了，但书里的内容在潜移默化地影响着他。

在那之前，他是一个没有主见容易左右摇摆的人，但从那以后，他形成了自己独立的人格和人生观，并且学会了思考，学会了宠辱不惊。

他还去报了健身班，把身上的脂肪减掉了 20 斤。看上去更加迷人，自信。他说以前跟一群人天天胡吃海喝，心有余而力不足，想去健身的愿望一直被拖延。

寂寞其实一点都不可怕，甚至还很可爱，你要学会跟它做朋友，你才会深有体会。

有个网友也说过他以前的经历。

上初中的时候，他几乎是全校最孤独的孩子。因为不知道什么原因，同学刻意排挤他，不愿意跟他同行，所以他没有朋友，从来都是自己独来独往。

起先，他还不太适应，因为别人有伴，就他形单影只。

到高中的时候，他倒是挺感谢过往的那段经历。

没人跟他玩，他反而变得很冷静，有更多的时间都用来看书，做功课，不用担心别人心里想什么，也不用成群结队跟着他们一起旷课，他有自己更多的时间去分析功课里的难题。

沉重冷静的性格也是那时养成的。

变得优秀一点后，他开始主动结交班里的尖子生。有了朋友，但依然喜欢偶尔孤独，他说他一点也不惧怕孤独了，因为孤独使他成长得更快。

其实，不光我们，纵观历史也是一样。如果你看过资料，你会知道很多名人都是在一种极度孤独的环境中创造出经典之作的。

司马迁遭宫刑，他忍受孤独和白眼，最终写成《史记》；

屈原得不到君王的认可，在承受心理压力的同时，写下了千古名作《离骚》；

康德一辈子都没有走出过哥尼斯堡，写下了《纯粹理性批判》；

李时珍走遍大山20余年，写成《本草纲目》；

……

卢梭说，如果把他囚在巴士底狱或一间伸手不见五指的暗室里，他也照样可以悠悠幻想……

可见在孤独的状态里可以挖掘内心更深一层的思想，找到最真实的自我，成就更好的自己。

叔本华说，要么庸俗，要么孤独。为此，他还用过一则小寓言专门解释过独处这一现象。

大意是，在一个寒冷的冬日里，一群豪猪为了取暖而挤作一团。但是，它们身上的刺互相刺痛了彼此，于是被迫散开。然而，天气的寒冷又使它们聚在一起，然后刺痛又使它们分开。最后，经过反反复复的靠近与分散，它们终于发现最好还是彼此之间保留一点距离比较好。

这也就是说人扎堆在一起反而会起到相反的作用，群体规模越大，其实越枯燥乏味。适当的时候应该保持距离，会让自己获得利益。

关于孤独，我确实深有体会。依照自己以前的性格，很爱跟着人群走，喜欢热闹，别人去哪，都喜欢跟着。

但也因此养成了拖延的习惯，做事的效率也不是很高。

后来，因为年龄渐长，便不再喜欢往人群里钻，一个人，一壶茶，一本书，一部电影，一个人有了更多的时间，安安静静地做自己的事，竟要快乐得多。

孤独一点儿也不可怕，如果你敢正面接纳它，它会使你变成另外一个优秀的自己。

拉布吕耶尔也说，我们所有的不幸都是由于无法忍受独处。怕什么孤独呢，其实，是怕战胜不了自己的内心。

为了变成更好的自己，接受孤独吧，挑战孤独吧，它一定会让你有意想不到的惊喜和收获。

不要虚度时光，别人可不这样

我看过一个故事。

有两个人，考上了同一所大学。

A 觉得，只要熬过了三年奋战的高考，进入大学的门，就会幸福多了，黑暗的高考岁月已经过去并且永远不都不会来临，要玩，要彻底玩疯，才能对得起"激情燃烧的岁月"。

谈恋爱、打游戏、追剧，占了一天二十四小时的四分之三，还有四分之一是在睡觉。当然，谈恋爱，不能算在这一项里，但对于一个自控力不强的人来说，还是劝你不要在大学过早恋爱，免得荒废了学业，耽误了前途。

于是，大学四年他打了四年的游戏，刷了一波波剧，剩下的时间用来娱乐。

用着父母的钱享乐，白白消耗着自己的青春，这种人估计是最傻气的。

都知道我要赞美 B 了吧？是的，没错。

B 知道大学四年，并不是给自己来享受青春的，同样是来吃苦的，现在苦一点，未来的路才会好走一点。

他投身各种社团，锻炼自己的各种能力，学习了三门外语，认识了很多有趣并且都很优秀的朋友。大三那年，他利用人脉资源开始创业。毕业时，已经有了几十万的存款。

什么是差别？这就是差别。

你在晃晃悠悠喝着小酒打着游戏的时候，人家又多学了一门功课。

你在日躺夜躺刷着狗血剧的时候，别人已经在事业路上发起了全面进攻。

……

别人一路高歌向前，你一路黯然后退。

不要以为别人的大学时光就是打打游戏看看剧，就没有做别的事情了，你也可以学着别人轻松痛快了。

但别人自律性强，知道适可而止。而你呢，没有自律自控能力，学什么别人玩"过火"的事情呢。

你以为别人一样跟你虚度青春，那只不过是你看见的表象罢了。

其实，还有很多你以为的事情，结果它们都并不是那样。

曾看过一篇文章。

内容大概是说，明明跟你一样起点的人，一样拿死工资的人。突然间对方却发了财，买了房，创了业，就你一个人一脸懵相。

文章后面有一条赞美的留言，真是戳的人心口痛。

他说，他们是同事，月薪都是一万多，同事看上去也没有什么特别的，平常也不是很大方，大家都很随意，没什么特别之处。

偶然一天，他同事问他，500万在中国算不算是排在中间了。他就说了，差不多啊，二线城市，几套房子的事，一线城市偏一点的地方，一套房子的事。他说他就一套吧，值100万，还很得意地笑了笑。

他心里还想着，就咱们这一月拿一万月薪的人，问这种问题没丝毫意义，500万好像距离还有点远，就想那么随口几句敷衍过去得了。

接着暴击的点来了，他同事淡淡地说，他在×××国有一套，在×××国有2套，在×××国有一套，在你们中国算有钱人吗？

这还不算完，他把手机里的股票给他看了，那上面密密麻麻的数字折合成人民币有一亿多……

他这辈子，估计也就是在同事的那部手机上见过那么多钱吧（不过好像我们也没见到过），他内心那一瞬间是受惊吓的，是无地自容的。

他肯定不知道他同事，在人后是怎么努力的吧？以为跟他一样也是那么平平庸庸过的吧？

但事实呢，你想象不到的事情太多了。

你下班之后的生活或许是一部电影，伴着一杯可乐就结束掉一个夜晚了，但人家或许还在通宵熬夜，加班加点的开发别的项目。

其实，你以为别人跟你一样，那都是自欺欺人的，如果你愿意多去跟别人交流接触一下，或许你也能学习一下他的想法，吸收一下他的新思维，打开一下眼界，把钱生成钱，不说一亿多，几千万，几百万还是可行的。

还有另外一个人说，她们都是穷留学生。她们一起上课，有时间就一起去游乐园，一起逛街，一起做饭……

后来毕业了，进了不同的单位，但都是同样拿死工资的人，那时他们没有太大的差距。

以前都明明看着那么相似的人，就是突然间一下就变得不同了。一切看着相同却又大不相同。

某天，她同学毫无征兆地对她说，她拿到了投资，要自己创业了。

鬼知道她同学在这期间做了什么？明明一样的人啊，明明什么都没说啊。她也就上个月因为考勤好，奖励了500块而已。

但结果显然已经摆在那，同样拿死工资的人，就是有一个已经跟你拉开了天大的距离，你还不能质疑什么。

努力都是人后的，真正努力使劲的人，不会拿着一个大喇叭到处嚷嚷，她们多数都在无数个不为人知的夜晚暗自较劲。

所以才有今日的成绩让你惊讶得张大嘴巴，不敢相信。但实际上，那只是她们理所当然应该得到的成绩。

你把零零碎碎的青春一点点捡起来用在当下，它或许会成为你日后厚重的盔甲和一根能帮你渡河的长长竹竿。

它也不会让你跟别人的差距拉的太大，不说一定要超越人家，但也不会过得太惨。

蹉跎青春的人，就是蹉跎自己的未来，余生很长，请莫辜负。

你本来就不成功，怕什么失败

你们是不是有很多想做的事情，因为畏首畏尾的臭毛病而一直没有去做呢？如果是这样，你站起身来，去照照镜子，一穷二白，你有什么好害怕失败的？

我认识一个男生，就是这么一个胆小鬼，说他胆小鬼一点也不过分，他是连考个科目二失败了都会回去哭鼻子的人。

他考过两次都"死"在了倒库上。他说每一次失败，他都感觉身后有很多双眼睛盯着他坏笑，让他很不爽，难过了好些天。

害怕再去开始第三次考试，怕同样考不好，会再度遭到别人的嘲笑，说他无用之类的话。

其实，孩子醒过来吧，别人根本不会去关心你的成功或失败，是你活得太沉重了而已。

他们认识你吗？不认识。你成功了他们会为你开香槟庆祝吗？不会。你失败你会因此少掉一块肉吗？也不会。

你说，不参与就不会输，但你不玩，就一定不会赢啊。你要明白一个道理，如果你害怕失败，你就会一直失败。

我认识的另外一个男生，跟他大同小异，做什么事情都顾虑太多。

先是考研，害怕自己考不上，耽误时间。跟他一同想法的人都去考了，不干别的，全身心投入后都考上了，就他没考上，因为他没行动。

后来是创业，他想去加盟一家小餐馆，但怕创业失败，自己找不到合适的工作。

反正就是一直缩手缩脚的不敢行动，最后还是守着那份6000多的死工资，一人吃饱全家不饿的状态。

他的同龄人失败过几次，倒下去又爬起来，现在已经风风火火的准备开其他分店了。

他不是被失败打倒的，是被自己吓倒的。

记得"知乎"上有个回答说，你可以失败很多次，但只要成功一次，世界也许就会变得不一样。

一次都不敢去尝试，就想着成功，那很抱歉，恐怕不能如你所愿。

你见过哪个成功的人，没有失败过万儿八千次的？恐怕没有。

不说爱迪生、诺贝尔那样遥远的故事了，太遥远了，听着都像传说。

咱们从身边说起。

我朋友的一个堂妹，自考大专毕业。

以前家里穷，高考那一年家里又发生了变故，越发需要钱，也供不起她读书，她没办法，只好辍学出去打工了，赚钱养活家里（其实这样的哀伤例子有很多）。

后来工作了几年，自己的求知欲一点点被扩大了，想系统地学习知识，考个文凭，加上自己对文学的热爱，就报考了北师大中文系。

工作了几年，身上有些积蓄，省吃俭用可以供她两年吃喝。于是，她在北京郊区租了个廉价房，买了专业书，一心备考。

偏偏就在那时，出现了很多酸溜溜的话，说她这么大年纪了还在自不量力地考试，万一考不上，白耽误时间不说，啥都没捞着，连对象都找不到好的了。

那些话，是她老家亲戚通过电话筒传过来的。

只要一有电话响，她就跑去按掉，因为她已经决定了。

有时候，成功就是需要一份勇气和决心，别人之所以做到是因为她们顾忌少。反正一无所有，光脚的不怕穿鞋的，做就是了。

奋战了两年，她自己把书本啃了下来，一科科扎扎实实地考过了。她激动得热泪盈眶。

后面又用同样的方法，边工作边学习，把速度放慢了一些，考下了本科文凭。那年，她 27 岁。

要想成功，就让别人疯言疯语去吧，与你何干。

马云说过：多数人不成功，都是因为只想不做，晚上想到千条路，早起继续磨豆腐。

你别害怕不成功啊，因为你现在本来也不成功。失败不过就是挫败一下你的自信心而已，你站起来，拍拍灰尘，接着往前走就是了，你失败那么多次，一定会有一次成功的，你得相信这点。

墨菲定律说，越怕什么越来什么。你什么都不怕，反而容易成功。不要因为害怕失败，就拒绝所有的开始。

就好比说一只优雅的蝴蝶，它一开始也不是一只蝴蝶，它要在黑暗的茧里历经千万次的尝试才能破茧而出，飞向光明。

如果它跟你一样害怕失败，那岂不是世界上根本就没有蝴蝶？

一棵参天大树，它本是一粒弱小的种子，要在地下经受无数黑暗的时光，要为自己裂开一道口子，花很大力气，才能长成一棵挺拔的大树。

如果它跟你一样退缩，它开什么花，结什么果，你上哪儿去吃那么好吃的水果？

……

真的，别怕，把自己的思想包袱丢一丢，你会成功的，你想着它会成功，只要你去行动，你就一定会成功的。

说了那么多豪情励志的话，其实说不害怕失败是假的，我们都这么年轻，小时候都被呵护得那么好，长大了突然要自己承受失败后的一切后果，难免有些残忍。

但是别忘了，这是自己的人生，自己得去负责。若想不那么平庸的过，就得做出点与常人不一样的事情来，经历比常人多一点的痛苦，你才能获得你想要的人生。

自己选择的路，跪着也要走完

你才二十来岁，重要的时刻还没经历过几次，后悔的事情倒是有了不少。

例如：

当初下定决心去的城市，因为一点小挫折，你就想卷铺盖原路返回。

高中毕业自己执拗选择的专业，因为没有预想的那么痛快，你就质疑了自己当初的选择。

在工作中，稍微碰到一点不如意的事情，你就撂挑子摆脸色想走人，安慰自己可以找到更好的。

……

诸多类似的事件，让你还没跨出路程的十分之一，仅仅因为生活的磨难，就把你当初立下的雄心壮志重新打回了原形，蔫了一大截。

不知道你是否赞同，质疑自己选择的路，其实就是质疑自己本身的能力。

你要知道，无论你选择哪一条路，哪条路都不是轻松的路，如果一开始选择了，还请你坚持到底。

其实，关于后悔这件事情，身边就有不少这样的例子。

朋友的弟弟，高三那年不吃不喝跟父母闹了三天，选了自己喜爱的学校，喜爱的专业。父母拗不过他，只能一声叹息随他去了。

他收拾好行囊，笑着和父母说再见。

进了梦想的学府，每天与喜欢的专业打交道，倒也觉得过得快乐。但快乐也仅仅停留在大学的头两年。

越面临毕业，他越觉得当初自己选择的这个专业远没有自己想象的那般轻松，光鲜亮丽的背后远没有那么简单。

要学各种难度很深的知识，要考各种高难度的证书。面对就业竞争压力，面对学习压力，要为了争取一个实习机会，天天熬通宵。

想到这些，他问自己，当初的选择是不是错了。

试问，哪一条路又好走了？如果所有人都跟他一样，那现在估计也没有马云什么事了，没有名人大咖了，碰到一点难题大家都退缩了。

不说他对不起当初苦口婆心劝自己的父母，更对不起自己当初的选择。

要知道没有好走的路，只有艰难的路，条条如此。光鲜亮丽的背后，是别人在荆棘地里挣扎着过来的。

要有多闪亮，就有多艰难。自己选择的路，无论多艰难，跪着也请走完。走过了坎坷，才能看到平坦。

我曾看到过一个帖子。

主人公一心向往大城市的奋斗生活，也羡慕身边朋友披头散发努力的充实。于是，她摈弃了家乡舒适的悠然生活，一头扎进了一线城市。

走的时候倒是挺痛快的，都谋划好了自己的未来，要去闯荡一下大干一番，没成绩就不回去。

去了之后发现比想象中的差一截。首先是租房，去了在酒店住了半个月，还没挣钱，先花了一大截，勉勉强强找到一个大合租，晚上受不了隔壁的吵闹声。没办法，撤出来，换了一间一居室。

有些人就是容易把奋斗与享乐给搞混淆，还没真正进入奋斗状态，就已经把享受的那股劲儿给拿出来了。

后来找工作，不是嫌没公积金，就是嫌工资低，公司优点看不到，缺点到是一抓一个准。

她问，是不是该继续坚持下去，家里的工作虽然工资少点儿，但有房，过得也比较安逸。如果继续留下，怕自己的工资完全没办法养活自己，怕饿死街头，何以谈梦想……

帖子底下有个回答，也挺大快人心的：

心里没点数也跑出来赶潮流，奋斗何时也变成没勇气的人的潮流了。家里有房有工作，在外面吃不了苦，就应该在家里闲着养老，更不应该来大城市添堵，还用得着在这里问吗？赶紧买车票回家走人，恕不远送。

当初说好的选择呢？说好的奋斗呢？全不见了，因为碰上了挫折。跨不了那座山，穿越不了那片海，怎么能见到更美的日出呢？

对不起，你选择的路只能自己跪着走完。跪不下去那也就永远不用起来了。

也有人说为什么有些人选择的路可以更换，而自己不可以呢？上面的两位为什么也不能更换一下呢？

那就拿余华的经历举下例子吧：

余华没当作家前是一名医生。他不想干医生了，所以转了型。但人家在当作家前对工作是兢兢业业的，当了作家后也是兢兢业业。

人家对待工作没有逃避。他从牙医转到作家是因为热爱，不是因为在牙医那件工作上遇见了困难想要逃避才跑去当医生的，这才是事情的关键。

而以上两位很显然是在自己选择的路上，碰见挫折想要当逃兵。如果当了一次逃兵，就会破千万次例。

一条路走不通，可以换条路，但不要遇见困难就拔腿当逃兵。

希望你有择路的欢喜，也能承受喜悦之前的痛苦。

如果能享受安逸，谁想来吃苦？但要想安逸，必须先拼搏，成功之路有千千万万条，每条都有暴风大雨随时袭击，没做好那个准备，就不要先急着跨越，给自己的内心充点电，重新启程。

你不需要别人怜悯

人会有悲悯心，无非是因为你在他眼里处于一个较为被动的时刻，需要他的同情来安慰，需要他的怜悯来救赎。

别人同情你是因为你不够优秀，不够强大，你的羽翼还完全保护不了自己。

当自己变得足够强大之后，便完全不需要别人的怜悯，因为那种怜悯是最廉价的，同时也是对自己能力的一种否定。所以，被怜悯是一种极其难受的滋味。

当然，谁也不愿意活成一副可怜兮兮的惨淡模样，在别人的同情里过生活，即便真的处在比较被动的时候。

同情原本善良，可有些人，总喜欢站在道德的制高点用极其悲悯同情的眼光对你说出那些安慰没事的之类的话，让那些原本真诚的同情心变了味道。

其实，他们不理解，你什么都不需要，你不需要他们的同情，不需要别人的悲悯，你只要片刻清净，调整好心态，继续做自己。

尼采说过一句话，爱和怜悯都是罪恶。通俗一点来说，他所认为的怜悯，即是变相的自私，一个人怜悯别人，是想得到被怜悯者的尊重与感恩，若一旦被怜悯者不接受他的"甘露"与好意，他便会用道德来绑架你。所以尼采认为那是恶。

其实，你根本不用被怜悯。当你处在生活的"风口浪尖"的时候，面对别人的怜悯，你要洒脱地学会说"不"。

所以《一天》里说，我不需要你同情，我单身，并不孤独。

所以《中国达人秀》里身体残缺的情侣舞王马丽和翟孝伟，面对万千大众，他们向世界发声，大声说："我不需要怜悯，因为我是强者。"

是啊，他们是强者，用自己的毅力与刻苦走出来的强者，他们不需要别人的悲悯，别人的一句真惨啊，他们失去了右手和左腿来否认他们的人生价值，那是不对的。

人需要同理心，但要分适合的场景与对象。

如果一个人有足够的能力来缓解自己的困难，那便不需要别人用一副异样的神情去怜悯别人。

例如我的闺蜜。

闺蜜曾经一度陷入水深火热的境地中，许多沉重的标签戴在她头上，离婚、独自抚养一个儿子、单亲妈妈、找不到好郎君，等等，眨眼看上去认为她真是一个可怜的人，急需外界的安抚。

于是，许多不明就里的人向她投出一万种同理心，为她筑起一座小铁墙，把她围在其中。

其实，她反而被那些"善意"的言语压得透不过气，因为她并不需要那些所谓的软言相慰。

她敢爱敢恨，没什么不好的。年轻时挣钱养家，离婚后依旧挣钱养家，她有的全是实力。虽然后面有些长长短短的负面消息，但从来没有击垮过那个外表看上去瘦弱的女生。她以坚强做盔甲，熬过一道又一道坎，自己带着一个儿子，依旧有滋有味地过生活，忙事业，忙家庭。

她在公众面前从来不会以一副博同情的面孔出现，她总是用微笑淡化一切。

她不需要大众去怜悯她，她比你们想象的要强大，是大家低估了她的实力，她可以在兼顾事业的同时，照顾好孩子，她依旧如少女那般美丽。

她不需要同情，只需要尊重。

还有一个例子，这是我的一个同学。

同学第一次创业失败，第二次创业再度失败。

周遭的亲朋好友都投来一副同情的眼光，拿各种话语来安慰他。连平常不怎么联系的朋友都一股脑冒出来了，说×××你别太丧气啊，你还年轻，你一定要东山再起啊。

同学真想给他们分别翻几个大白眼，看着像安慰，还不如说是变相讽刺。

他真的开始了第三次创业，但不是因为别人的安慰，是他自己觉得，自己以前熬过那么多的苦日子所积累的学识可以供他第三次闯关用。

第三次，他成功了，一切都在慢慢走上正轨。

很多人会不自觉地把同情与尊重搞混淆，让别人承受无形的压力，殊不知，别人根本不需要你那廉价的同情。

王尔德说，如果世界上少一些同情，世界上也就会少一些麻烦。又何尝不是呢，总是有人打着善意的幌子，披着道德的外衣，对别人品头论足。

为什么要被别人怜悯？一时的失意又能代表什么？

有一个学妹考研失败。

她生性乐观，本来觉得没有多大点事儿，没考上大不了去寻一份合适的工作，好好开始未来的人生。

但她身边的人不这么想，他们一个个都变成了哲学家和心灵鸡汤高手，一条条信息不断传过来轰炸她，以安慰的名义："没事，你要坚强""振作点，你还年轻，你已经足够优秀了""你千万不要抑郁啊，虽然我考上了，但我真的知道××大学的难处""人生何处无失望，大不了从头再来"……

本来她已经重拾心情，投出多份简历，准备面试了，但看到这些信息，无疑每一个字都是沉重的炸药包，读一字，砰一声，读一句，轰隆作响。

其实，她早就恢复了自己，没有别人想象的那般脆弱。所以别人的同情在她眼里自然成了一件好笑的事情。

她一直在努力生活，为什么别人看到的不是她坚强的一面，而是脆弱的一面呢？为什么不是尊重一个积极向上的她，而是去拼命揭她的伤疤？

她不需要别人怜悯，比起怜悯，她更需要被尊重。

当然，一方面是别人去怜悯你是别人的意愿。另一方面，可能是你需要别人来怜悯你。

如果是别人来怜悯你，你起码会自己尊重自己，你有一口气，会去爆发，会继续向前。但如果是你求别人怜悯，那你的那口气就没了，撑不起来了。

无论身处何种境地，你都要挺直腰杆，告诉别人你是有能力振作起来的，你有你的坚强做后盾。

在困难时，记得调整好心态，调整好站姿，当别人企图向你抛来怜悯之心时，你要迅速还击回去，告诉他们，好言的善意可以接受，但善良之外的那份同情心请重新收回去，潇洒地说不，潇洒地向前走。

不用别人怜悯你，同样你也不随意去怜悯别人。不要看到快递小哥、清洁工就拿出一颗同情之心，其实他们不需要，他们只需要更多人去尊重他们的职业，少给他们带去一丝麻烦，而不是一颗最不值钱的同情心。

正视孤独，聆听自己

赫拉巴尔有一部小说，名叫《过于喧嚣的孤独》，讲述了一个打包工汉嘉，独自忍受三十五年孤独枯燥的故事。

他三十五年来，没有朋友，没有恋人，终日守着一个压力机，处理那些废纸和书籍，轧碎之后，打成包，等待卡车来运走。日复一日，年复一年。

在苍蝇成堆、老鼠成群、潮湿恶臭的地下室里度日，喝下的啤酒用他的话来说，可以灌满一个五十米长的游泳池。

三十五年有多长？不长，但绝不短。涵盖了他一生最好的青春年华。

他孤独吗？也许孤独，也许不孤独。

孤独的是，他以为这就是世界。不孤独的是，他热爱文字，喜欢词句。他把那些喜欢的书籍都拖回了家，在书里，他与全世界对话。

于他而言，那种清静的孤独绝对是一件好事，谁也不会干扰他读书，不会干扰他在那些数以亿计的文字里探索秘密。

生活虽然偶尔缺少了点什么，但是，也就是那三十五年成就了他。

他张口就是美丽的词语，脑袋一歪就有很多不错的想法流淌出来。他的身上蹭满了文字，用他的话说，俨然成了一本百科词典。

他看上去孤独，其实他并不孤独。那些书籍是他最好的伙伴。那些文字是他忠诚的朋友。他很富有，而且不孤独。他甚至可以把那些机器的声音当成是美丽的伴奏。

在那种枯燥的生活里，他学会了正视自己的孤独，知道如何才能让自己在孤独里体验到快乐。

他说：因为我有幸孤身独处，虽然我从来并不孤独，我只是独自一人而已，独自生活在稠密的思想中，因为我有点儿狂妄，是无限和永恒中的狂妄分子，而无限和永恒也许就喜欢我这样的人。

无限和永恒，智慧与永恒，都喜欢那样的人，那样能正确对待孤独的人。在主人公的世界中，孤独可以辅助他成就一番文学事业，诚然，孤独并不是那么可怕。

你看，你听，他其实知道自己喜欢什么的，所以三十五年里，在那个暗无天日的地洞里，他活得还是很逍遥自在的。

学会独处，与自己的内心深度交流是生命中的必修之课。在那期间，或许你会遭遇疑惑、苦闷、伤心、自我怀疑，但那都没关系，那是必经之路，只要你在正确的事情里正确的化解那些"恐怖分子"，就能探索到更美妙的世界。

世界上，我们唯一不能避免的就是孤独。你知道的，没有人会一直在你身边跟随你。孤独有如幽灵，随时在静谧里冒出来，你要无时无刻地与它做斗争。

《一个人的好天气》里，也讲述了一个关于孤独的故事。

高中毕业的知寿，父母离异，她没有继续念书，而是远走东京，去大城市企图寻得一份谋生的工作。寄住到一个并不熟悉的亲戚——吟子家，吟子是个70岁的独身老人。

除了吟子有意无意地问候，她似乎一无所有，没有可靠的男友，没有能在身边的朋友，也没有关心她的亲人。

她像是被世界遗弃的人，她孤立无援，没有依靠，她为自己困顿的生活发愁，为自己的未来发愁。

她没有存在感，没有人注意她，也不会有人在乎她的情绪。吟子老人也是一个与外界无太多关联的人，她似乎也是那么一直孤独过来的。

两个同病相怜的人，与孤独相拥。

但知寿在挣扎一段时间后，似乎懂得了那就是人生，因为很多人都是那样，一个人背着行囊远走他乡，周围全是陌生的踪影，连马路都是陌生的。每个人也许都曾面临过那样的困窘，没人关注自己，没有人关心自己，你是谁对于大家来说并不重要。

所以知寿不断地更换认识的人，也不断地使自己进入不认识的人们之中去。她说每天早上睁开眼睛迎接新的一天，要一个人努力过下去。

她肯定是花了很长时间，才懂得这件事情的：那就是没有别人时，自己勇敢地去面对一切。

除了努力过下去，她又能怎样呢？起码在努力中，或许她能等来黎明。

知寿和汉嘉都曾孤独过，汉嘉用书籍正视自己的孤独，知寿用生活来麻痹自己的孤独。

孤独有什么可怕呢？其实仔细想想也不那么可怕。你若是有足够多的事情，来填补你空寂的心房，那是要好得多的。起码，有值得奋斗的事情可做，你就不会那么无助。

其实你知道的，我们大多数人都如知寿一般孤独过。很多人大学毕业奔赴一线城市，想要为自己的未来拼搏一块小天地出来。在那个陌生的城市，首先会陷入租房困窘，没有同学，没有朋友，没有亲人。

一个人找房看房，或者还要面临黑中介的陷阱，无人可以相帮。投海量的简历，无论多么精致的内容，或许也达不到别人的要求，你想哭诉一场，却发现少了一个可以聆听的对象。

你茫然无措，吃着 10 块钱的盒饭，忍不住想抽泣几声。你拿起手机想给人发消息，说一说你的境遇，但翻了一圈，最后还是默默收起了手机，低头吃饭。

好在你够勇敢，没有被前方的洪流吓退，一个人还是安顿了下来。漫漫长夜里，开始思考自己的人生，退到低一点的层面来说，开始思索你当下要做的事情，你未来的计划。

你开始平复自己的心情，适当地让自己不那么清闲，不断的找事做，最后在第18次面试后，找到了一份合适的工作，认真对待，开始去适应那些你从未经历过的生活。

有什么可怕呢，没什么可怕，在孤独里镇定自若地生活。

孤独其实会让你发现更好的自己，你身边只有你自己的时候，你会意想不到的变得更加强大。你的内心，你的灵魂都是清静的，没人可以打扰到你，你会更加知道你想要的是什么。

有时候，即便身边有很多人，也难以掩饰自己孤独的内心，其实也没有什么不好，想想只要自己内心世界够热闹就好了，没必要去投入那些敷衍的热情。

人前人后的孤独都不可怕，如若自己足够强大。

有时候孤独也是一种美，能让你认识一个不一样的自己，会让你走进一个更好的世界。所以只管大胆正视孤独，不用害怕，伸出双手相拥，拥抱一个全新的自己。

只要努力，一切皆有可能

一个妹子，成绩中下等，期末分班，心心念念想着进文科重点班。但进重点班的前提是必须考到年级前 50 名，像她这种每次考试都在 200 多名的，说实话，她爸妈都对她没抱有太大的希望，说尽力了就行。

但妹子似乎是吃了一坨铁一样，下了大决心，非要考到不行。于是，她像变了一个人，平常嘻嘻哈哈的劲儿没有了，一脸严肃样。

她每天狂啃书本，狂做题，上课专心听讲，下课各种复习。一个人吃饭，一个人回家，做什么都是一个人，彻底远离了曾经玩在一起的小伙伴。

那些小伙伴对她这种做法表示很诧异，都说她太装了，私下各种议论她，很看不惯她这种行为。

但她没放在眼里，继续往自己想去的地方努力。期末成绩出来的时候，真是大快人心，她考了她们班上第 1 名，年级第 5 名，文科年级第 35 名。

没错，她很顺利的划进了重点班，而那些嘲笑她的小伙伴们还继续留在普通班，仰望着她。

谁说成绩差，就会一直差下去了？只要想努力，什么时候都不晚。只要想努力，就没有什么不可能。

努力的过程也许会很艰难，但像妹子说的那样，不是有了希望才努力，而是努力过后才有希望。

妹子是个聪明而且很坚强的人，想要的东西就自己努力争取。

努力了你才知道你自己有多么厉害。

希望你们都能学着点妹子身上的那股子劲儿，迈着努力的两条腿，往自己想去的方向用力走去。

其实，我身边有一个很特殊的朋友，我经常跟别人提及他，因为他值得赞颂一下。

他这个人挺笨的，而且长得还跟别人不太一样，脑袋是歪的，据说出生时就是那样的。

那时大家都小，其他孩子不是很爱跟他一起玩，因为他经常拖大家后腿，不受众人待见。

他为了能合群一点，为了让大家多喜欢他一点，他开始变得很勤快，我们不喜欢做的事，不用开口差使他，他都会去做。

人有点木木讷讷的，老师讲的简要知识，要背很多次才能记下来。

于是，他从小就被冠上了"笨"的标签。

他妈妈说，这孩子可能就不是个有出息的人。

他亲戚说，这孩子不是读书的料。

他老师说，随便你吧。

我们说，你咋那么笨。

所以，我们玩得无忧无虑，天天疯玩，觉得自己底子不错。

但升学考试成绩出来的时候，傻了眼了，他考到了我们前面，远超我们一大截，进了省重点，我们一个个都是普高。

我们瞪着眼睛问他怎么做到的。

他说知道自己笨，下了死功夫，初三那年就变得很吃苦了，一天几乎只睡四个小时左右。

把以前遗漏掉的知识重点拿过来反复琢磨，笨人有恒心，舍得在一个题目里反复钻研。

不怕人笨，就怕人笨还不肯下苦功夫，他算是很会下功夫的那一个了。有些人看着笨，其实他不是真的笨，他只是笨给别人看而已，背地里有你想象不到的聪明。

他肯努力，他就已经赢了。

至于后来，这家伙一直很努力，去了一家互联网公司，同样也很卖力。虽然身上有些"残缺"，但是也不妨碍姑娘喜欢他。

不说他现在混得有多么多么好，但相比我们这些同龄人来说，已经有足够多的优越感了。

他经常说，谢谢自己的笨，反而成就了他。其实不是，他自己有多努力，他自己知道，别人也是知道的。

多努力吧，越努力越幸运，这句话不是凭空来的。

朋友的朋友考托福。考了一次，成绩不甚理想，才50多分。

在考试的前三个月，他在校外租了一间房，准备第二轮备战。

同学叫他一起玩个游戏，他不去。

同学叫他一起去唱歌，他不去。

同学叫他一起吃夜宵，他不去。

同学……

大门一闭，两耳不闻窗外事，死磕英语，疯狂做题。

他以前听力极差，两句话里能听懂一个单词算不错了。于是他用最笨的方法，把所有的托福真题，全部找出来一遍又一遍地听，听一句默写一句，直到能把所有的内容一字不差的写出来为止，听得耳朵都一阵阵发麻，有点当年"疯狂英语"李阳那劲头儿。

考试的成绩很理想。

他没有辜负自己的努力，成功拿到了美国一所名校的录取通知书。

人生其实没那么多可以供你选择的机会，有时候也许只有一次，错过那一次，后面的结果也就大不相同了。

这世道，你只能靠自己拼一拼了。拼了，一切才皆有可能。所以在努力这件事上，你值得多下点功夫。

要知道，人越大被牵绊的事情就越多，越来越有心有余而力不足的感觉。所以趁着年轻，你要多使上一点劲儿，未来才能活得轻松点。

我们时常会觉得努力是一件很难的事情，其实不然，当你认定一件事情，真正去做了的时候，它并没有你想象中的那么难，难就难在你跨越的第一步。

跨越了第一步，其余的九十九步就要轻松多了。

你不肯努力，不肯付出，间接性踌躇满志，持续性混吃等死，估计贫穷就得一辈子跟你相依为命了。

把每天当成末日来欢喜

记得曾经有一个同学跟我说过一句话，他说人啊，眨眼前明明还在这里，眨眼后就如透明的空气一般消失不见了，接着就是一声长长的叹息。

我能理解他说的这句话，因为他经历过这种事情，闻到过沉闷的气息。他的姐姐在三十岁那年，被俗套的癌症夺去了年轻的生命，他在病房里看着她与众人用眼泪做最后的诀别。他说她的人生刚开始，就残忍的结束了，对明天和意外哪个先来，他深有体会。

其实同学平日里是那种"没心没肺"的人，活得大大咧咧。大大咧咧本没什么不好，但是他有点过于蹉跎光阴了。二十六、七岁也没有一份体面的工作，经常去了新单位待不了三天，就会当逃兵。在生活中，也总是一副什么都不重要的态度。

但那次事情过后，他觉得"死神"是存在的，他还没有来得及疼爱就失去了生命里最重要的人。他觉得还有很多事情没有去做，自己的活法不是他理想中的那么回事。他一改从前的态度，在那次过后他仿若新生。

我们都握不住时间，操控不住它，只能任凭它操控。所以我们只能在有限的时间里做自己认为有意义的事情，不给自己留下惋惜的余地。

想想两年前的自己似乎也是那样，以为有无限的时间等着自己去任性挥霍。当自己想下定决心要写一部小说时，可以一直拖延，今日拖明日，明日拖后日，无限循环。

结果一个月下来，写了还不到一万字。因为我总是在不断地自我安慰，我还有时间，我还有很多时间，我不在乎那一时刻，不断地给自己酿造错觉。

真的有很多时间吗？其实并没有，那些都是自己给自己制造的假象罢了。生命的每一天都在倒数，人应该有那份觉醒的，才不会在最紧要的时刻那么尴尬的。

很久以前，乔布斯曾在斯坦福大学毕业典礼上，发表过一次重要演讲，其中有一段话是这样的：你们的时间很有限，不要把时间浪费在重复其他人的生活上。不要被教条束缚，那意味着你和其他人思考的结果一起生活。不要被其他人喧嚣的观点掩盖你真正的内心的声音。还有最重要的是，你要有勇气去听从你直觉和心灵的指示——它们在某种程度上知道你想要成为什么样子，所有其他的事情都是次要的。

什么意思？大概可以把它归纳为，把每天都当成自己的最后一天过，足够珍惜时间，足够重视时间，做自己最喜欢的事情，分得清主次，把握得了时间的度数，会活得很欢喜。

他是时间的"过来人"，最能体会到其中的奥秘，所以他的一生都在按自己的意愿来生活，不被外界的任何条条框框所束缚。在有限的时间里，做最有意义的事情。

事实如此，一生不长，三万多天而已。人生有限，青春更有限。

懂得的人会懂得一寸光阴一寸金的含义，不懂的人则会把那句话当成是矫情的话。越是有成就的人越懂的生命光阴的珍贵，那样的例子数不胜数。

人的潜意识太多，错觉也太多。如果我们把每一天都当成末日来对待，或许我们会不自觉的珍惜更多人、事物及时间，都会看得无比重要。

人生何其短，去做自己，勇敢地做自己，爱想爱的人，做想做的事，不要太拘泥于束缚，尽可能去塑造自己、成就自己。

如果在某一天醒来，你幻想那是你生命里的最后一天，想必你会无比珍惜，你会觉得你还有很多事情没有来得及去做。

还有很多事情没有做完，手头上拖了两个月的事情，还需要三天才能做完。想见的人，因为忙，约了好几次都没有见到，终于定在下周末一起去赏花。想去的地方太多，还没来得及挑选一个最合适的地方，就要忙碌于工作。最新的电影，安排在明天晚上 7 点……

可你却忽然发现一切都将来不及，来不及去做那些接下来的安排和未来的计划，于是你恨不得把一天当成一年来用，用分分秒秒来计算。

那是末日，是你的末日，是现实的终点，还没来得及奋斗，还没来得及享受，就要匆匆放手和告别。想到那些，心一点点被刀绞似的分解，疼痛。

你想起被你浪费掉的光阴，你就无比痛惜。你没有那么多的明天也没有那么多的后天，你有的只有现在可以倒数的时刻。

你会突然想起，你应该更加关心下身边的人，昨日不该对同事大发脾气，即便给你道歉你也秉持一副冷漠态度，你意识到自己的小气，意识到自己原来那么"刻薄无情"。现在你想起来，简直就是芝麻大的小事情。

面对爸妈的啰唆，你也在那一刻会觉得尤为珍贵，那是世界上最美妙的声音，你恨不得马上拿起电话，多听听他们的声音。

为一点小事就吵架的对象，你也想要去安慰安慰，主动承认自己的错误，然后给对方一个大大的拥抱。

想到这些，你会刻不容缓，每一秒都舍不得浪费，想要马上去执行那些未完的事情、未说出口的话。

你一想到那是最后一天，你失声痛哭，你太年轻了，什么都没有去体会，就要匆匆说再见。

　　好在那一切都不是真的，你清醒了过来，其实你还有很多个明天。但想到刚刚那些难过的事情，你哪天都不敢再懈怠。你决定要把你的每一天都当成最后一天来疼爱，爱你自己，爱你的家人，爱你的事业，珍惜你所拥有的一切。

　　你要尽可能地把每件事情都变成有意义的事情，刻在你生命的里程碑上，闪光，发热，不负一生。

　　其实啊，短暂的人生就应该做正确的、有意义的事情，那样你才会觉得自己活一生是值得的，是值得欣慰的。

　　所以，尽可能把每一天都当成最后一天去爱，去珍惜吧。那样，一定会成就不一样的自己。

把简单的事情做到极致

　　朋友手表坏了，舍不得换新的，男朋友周年纪念日送给她的，问我有没有熟识的修表师傅。

　　我自然想起了离我家不远的巷子里，那个叫"阿发修表"的钟表店。每次关于手表的"活儿"，我都会想到阿发。

　　阿发的手表店开了20年了，他是那里开得时间最长的"小门脸"，别的钟表店都是开个三五年就关门了。他周围的门面也是一家一家的换，走的走，改行的改行，只有他雷打不动的一直坚守着。

到了阿发的店里，他正在专心致志地用镊子夹零件，等他忙完，我才跟他打招呼。

"阿发师傅，又给你带客人来啦。"

阿发大笑了一下，丫头，多亏你每次往我这领客人啊，照顾我这个"手艺人"。

我说阿发师傅的表修得那么好，这么多年也坚持不涨价，我恨不得把全国的客人都拉到你这里来，如果我有那个本事的话。

阿发不光表修得好，他的收费也很公道，这么多年，什么都涨价，就他这没有涨价。好在来的客人多，也能让阿发赚点生活费。

朋友把手表递给阿发。

阿发练的是"童子功"，就是从小就开始学修表，什么表都能修，没有能难倒他的。

修表是个细致活，里面有很多零件组成，修表人要对每个部位的零件都很熟悉，才能找到手表的"病原体"。修得好不好，看他拿镊子的手法就知道了。

阿发对手表的门道一清二楚，这些自然不在话下。

我们把手表交给阿发，阿发说过两天再来取，他还堆积了很多活计，要一件一件来。

临走前，他说他一定把手表恢复如初，让我们放心。我们当然放心。

阿发默默地在一个岗位坚持那么久，把一件小小的事情重复做，做到极致，难道这不就是所谓的"匠心"精神吗？

不说阿发赚了多少钱，但能在长达 20 年的时间里始终坚持一件事，这于他来说就已经是最大的成功了。

毕竟成功就是"做最好的自己"。

朋友可乐是健身教练，找他的人很多，他的会员应该是他们健身俱乐部里最多的，可以这么说，健身房每个月有大部分的业绩都是他给拉上去的。

都知道现在的很多教练把钱摆在第一位，会员是摆在第二位的，心情好，随便忽悠一下；心情不好，都懒得忽悠。

但可乐不会，他是一个连小细节都不放过的人，如果会员偷懒他会生气，如果会员哪个动作做得不对，他会很认真的指导。

有一次，有个男会员跟着他训练了两次，就直接买了他的课程，说他很负责。

每次我去看他的时候，都能看到他在耐心地指导学员动作，一边说一边比画，如果不对的话，他会指正学员跟着他一遍一遍地做。

什么是认真？把一件细小的事情重复做到极致就是认真。什么是极致？用心对待每一份工作，把手里的活儿干好，无论什么行业，就是极致。

在光鲜亮丽的娱乐圈中，有很多不为人知的艰辛，演员们为了能给观众带来更好的作品，为了把戏演到极致，可谓是拼尽了全力。

苗圃在拍摄《穆桂英挂帅》时，从马背上摔下来，她第一反应是不要扶我起来，我能行。印象最深的一次是在寒冬腊月里，她不顾自己在生理期，在冰冷刺骨的寒水里坚持拍了三天戏。

吴京因为拍摄《战狼2》去医院住了好几次院，每次都还没好利索，又火急火燎地赶到片场继续拍摄，你能看见的是他完全是在用生命演戏。

谢霆锋拍戏坚决不用替身，不管多危险，都亲自上阵。

孙俪为了拍《玉观音》，她准备了半年的时间，去云南体验生活，学习射击、跆拳道。

……

这样用心做到极致的演员们，在角色上赋予生命与灵魂，能不获得成功吗？想不成功都难。

很多人想学一口流利的英语，一时心血来潮买齐了所有教材，坚持了几个月，看不到成效就放弃了，却不知道罗永浩、俞敏洪用了多少个日夜，背烂多少本单词书，才取得那样的成绩。

有人听到钢琴房里传出优美的曲子，鼓起勇气学了三个礼拜，就找各种理由放弃了，却不知道钢琴老师坚持了多少年，每天坚持了多少个小时，才能弹出别人钟爱的曲子。

有人羡慕别人能写出10万字的爆文，自己坚持伏案也不过短短一个月，就愤然起身，因为总是达不到自己想要的效果，但他们不知道，这是多少成熟的写手坚持读了多少书，用坏了多少个键盘，颈椎劳损多少次才换来的。

殊不知你所看到的人前显贵，只不过是他们人后不断受罪而已。

《乔布斯传》里就有一个细节，乔布斯给公司高管打电话，说苹果操作系统里谷歌地图的图标放大很多倍后，第三行一个像素颜色不对，乔布斯认为这影响了操作系统的美观。

这是一个很小很小的细节，即便开发出来，估计也没人会看到，但乔布斯很认真地调了过来。

你看，越是成功的人越在意细节，越追求极致。也可以说，正是乔布斯这种对极致的追求才造就了苹果今天的神话。

不积跬步，无以至千里；不积小流，无以成江河。把简单的事情重复做，做到极致，就是最大的成功。

除了坚强，你甚至别无选择

每当别人对我说"活着太累了，太难了"这样的话，我都会举双手赞同，外加一句："确实是又累又艰难，苍天啊，大地！"

可想想，谁又不是呢？谁都是。人从出生开始，就有数不清的劫难在等着自己，各路"妖魔鬼怪"潜伏在黑暗里，打你一个措手不及。数不清的磨难和坎坷，每一道都设有重重的防线。

少不更事时，有别人替我们坚强，父母可以为我们的苦难买单，想尽一切办法助力我们的成长。

但成长后的自己，只能自己替自己坚强，因为没有人可以助你一臂之力，因为不坚强就无法独立潇洒行走在世间，只能任世界操控。

有一句老生常谈的话：你若不坚强，懦弱给谁看？是啊，你要懦弱给谁看。我想你不会轻易把自己懦弱的一面展现出来给别人看，你只愿意展现你的坚强，但愿那份坚强是真心实意的，是经得住烈火考验的。

当你软弱时，唯有坚强能做你坚实的后盾。

考试失败时，你得撑住，你若撑不住便会葬身火海。你若撑住，再接再厉，潇洒开启下一场补考，分数会高高超越第一次。

失恋时，你得撑住，即便是你的恋情长达 10 年或者更久，哪怕你的心思全部被掏净，你还是要振作起来。

你活不活得起来，对于对方来说是无关紧要的，因为她（他）终究还是会和别人走向婚姻的殿堂。

你的眼泪起不了任何作用，你只有擦干眼泪，调整心态，重新投入生活，再以一副全新的面貌去迎接下一段感情。

你萎靡不振，对方也不会再回来，相反还会看不起你，以为你非她（他）不可，身在暗处，与她（他）的新欢一起看你笑话。

这样的结果自然是不堪的，所以为坚强不破。

工作不顺利时，你要越挫越勇，遇到小麻烦逃避之后，会有更大的麻烦接踵而来。若不熬下去，也就熬不出资历。

病魔来临时，你也更加要坚强，抗争到底，因为生命就是在出其不意之时同病魔做斗争的。

有些烦恼，有些需要坚强的事情，是必须自己来面对。但也有些外界因素带来的困扰，你也必须要有一颗强大的心来抵抗，才能让自己不受伤害。

例如，家庭吵架引起的矛盾、带来的刺痛让人难以承受。

不久前，看过一则这样的新闻：母女俩吵架（原因不详），在母亲离去后，女儿立即奔向窗户，跳楼身亡，结束了自己年轻的生命。母亲下楼看到女儿的尸体后，不是哀痛，不是号啕大哭，反而是重新返回家中，也从女儿跳楼的窗户上跳了下来，双双跳楼身亡。

不管何种原因，当理性不能自持，当坚强不能立足，便只能以悲剧收场。

如若能勇敢承受，任多么难听的话语，多么伤人心的事情，都不能奈何自己，坚强，只有在最关键的时刻才能发挥它巨大的作用。

我们有什么呢？什么也没有。小心翼翼行走在世间，如履薄冰，唯有坚强随身，伴你走天下。坚强是在世界上存活下去的唯一法宝，无它寸步难行。

我想起一位友人，每每想到他，都会把他与顽强这个词联系到一起，他是从骨子里散发的那种坚韧的性格。

他每次遇到难关都会咬牙坚持，从不松懈，无论事情难度大小都会死死扛着。我一直以为他的那种品质是与生俱来的。

其实不是，是他的经历造就他坚韧的性格。

他从小活得不如别人家的孩子那般如意，他生在穷乡僻壤，父亲早逝，重担与琐碎全部落在他母亲的肩膀上，困苦加速了他成长的步伐，也让他的内心变得越来越坚强。

高考那年，因为发挥失常，他没有考上理想的大学。所有人都让他放弃复读的机会，去读那个二本院校，那些能击垮人意志的话语像小箭头一样朝他齐齐飞来："你复读一年，就有一年的费用""你的家境本来就不好，你应该懂点事。""要么你就别去上学了，让你妈妈早点享福多好。"……

类似这样的话从不间断，他的内心随时会被那些"毒箭"给击垮。人虽穷，处境虽艰难，但骨气却没有因此打折扣。

他的母亲主动站出来承担那一切，她说她的孩子不需要大家去帮他选择，她的家事也不需要别人去插手。她也告诉儿子，你只需要努力即可，把其他一切都交给妈妈。

他同他的母亲并肩作战，母亲负责当下生活，他负责未来理想，一起坚忍，一起使劲。苦心人，天不负，最终，他考取了那所朝思暮想的学府。

他在母亲身上看到一种可贵的品质，那是母亲用瘦弱的身体为他扛起了一片天。从那天起，不管在生活中遇到何种艰难的事情，包括创业，包括被合伙人欺骗，他都能独自挺过去，因为他的内心早已炼成了铜墙铁壁。

当然，他现在坐在北京最气派的办公室里风轻云淡地叙说着这一切，仿若什么也没有经历过一般。

如果不坚强，像他们那种境况，就只能输得更惨，没有任何挽回局面的余地。

要知道，活着本身就是一件艰难的事情，我们有太多的难关需要独自闯过，很多时候，除了压力，还是压力，毋庸置疑。

可面对那些老天给你的考验，你除了坚强，除了努力，真的别无选择。要同天同地同生活做斗争，就必须坚强，才能活出一个美好的明天来。

冲刺，做紧迫充实的自己

我想安安静静地讲一个故事。

他叫戴飞，是个很厉害的人。因为他有双比同龄人要长的腿，所以，他总是跑得很快，我们都叫他"飞毛腿"。

"飞毛腿"正是因为跑得快，所以才入选了学校田径队，他是体育老师的骄傲。

"飞毛腿"14岁的时候，身高就有一米七了，要比同龄男生高出一头。在南方人的身高里，他那时已经算是"小巨人"了。他经常会在同学面前开玩笑：崇拜哥吧，哥就是你们的偶像。然后就是魔音一般的哈哈大笑声。

"飞毛腿"坐在最后那一排的小角落里，因为他个子高，坐姿端正的话会把他后面同学的视线全部遮挡掉，所以，他永远只有坐在后面的份了。

但那丝毫不影响他的学习，因为他是一个乖孩子，他的成绩从来都保持在年级前五名左右。他文化课好，体育成绩也好。

我成绩不如他，但我脸皮厚，我每次都会在放学的时候特意跟他一块离开。只要铃声一响，我的眼睛就会随时"监视"他的一举一动。当他快要离开的时候，我就"嗖"地一下跑到他面前，说上一句真巧，一起走吧。

然后一起骑着自行车往相同的方向驶去。他不光跑步快，骑车也快，经常把我甩得很远，只剩我在后面大喊：你等等我，太快了。每喊一次，喉咙就要受一次大罪，因为距离太远，我总是扯着嗓子喊。路上有风，音量传到他耳朵里就会削弱一截，我只得用力喊。只有嗓子受罪的时候，他才会适当放慢车速。

他说让我骑快点，他要跟太阳一起赛跑，要在日落时分赶回家。

我说神仙也跑不过太阳啊，你莫不是疯了？

他说可以的，他每天都这么干，他跑步也这么干。

那次我也跟着他一起疯狂，我两条腿拼命地往前蹬，边看太阳边看路，再看着他。

结果是我们赢了。

我们两家离得不远，隔了两栋房子和一条小路。我先到家，然后目送着他飞快地消失。

原来他是一个喜欢跟太阳赛跑的人，难怪他可以跑得如此快。

初中那三年，他教会了我一件事情，那就是与时间赛跑。

那年他被省重点高中破格录取，因为他的特长，挑不出再好的人可以代替他的位置。

上了高中之后，因为不在同一所学校，我前后只去看过他三次，他来看过我两次。偶尔有几封简单的书信来往。

他还是那样，喜欢跟时间赛跑，他说他留不住时间，只能尽量做到不辜负时间。

高二的时候，他交往了一个女朋友，那个女生我没见过，听他描述过，睫毛很长，很可爱，是他们隔壁班的。他喜欢她的长睫毛，她喜欢他在操场上快步如飞的样子。

但高三上半学期就分手了，是他提出来的。他说她学不会一样东西，他说他教过她很多次，她总是不愿意去学。

其实，我知道他说的是什么，他喜欢快跑，她喜欢慢走，当两个人喜好不一样的时候，就容易产生分歧。没人做出让步，便会分道扬镳。

你不能说"飞毛腿"是一个特别的人，他只是喜欢跟时间赛跑，不想浪费时间而已。可能他也有过跟林清玄一样的经历，只是想当一个时间的追随者。

高三下半学期的时候，我接到他的电话，电话那头沉默了近五分钟，他才开口。他说他的腿摔伤了，前途可能会受到影响。

我不顾眼前堆积了多少道题，也不顾没有重要事情不能请假的校规，搭了最早的一班车跑去看他。

他躺在病床上，右脚裹在厚厚的石膏里不能动弹。看到我进来之后，才把看了一小半的书放下。

我把拎在手里的水果放在他的病床前，准备给他倒杯水。一回头，发现他在默默抹眼泪。那个看见别人流眼泪就心烦的男生，自己悄无声息地掉下了泪滴。

他说他那么拼命为的就是有个好前途，没想到在最关键的时刻不小心跌伤了脚。医生说即便脚痊愈了，也不可能跑得像以前那般快了，让他有个心理准备。他心里的最后一道防线是在听见这句话以后彻底垮掉的。

他问我，他该怎么办。

我安慰他，没有关系，脚受伤了，学习成绩照样好，照样可以考上好大学。不用脚追赶时间，用心，用心去追赶时间是一样的。你就还是那个"飞毛腿"，还是我们的偶像。

医生叮嘱他要休养一个月，但他在床上只休息了十天，就一瘸一拐地去听课了。他实在不愿意再错过一节文化课了。

还好，那个从小就跟时间较劲的人，即便腿脚不如以前那般快了，他还是如愿以偿地考上了他理想的大学。

毋庸置疑，以他的性格，即便别人的大学生涯多么散漫，他也不会散漫一个小时的。用他的话来说，他生命里的时间都是他的，浪费太奢侈。

工作之后，我总算明白了他当初为何那么拼。一天的时间太短了，"嗖"地一下就过去了，不给你任何反击的余地。

如果速度不够快，吃顿饭一个小时轻轻松松就飞快地过去了。当你一天稍微忙碌点，你更能感受到时间对你的格外绝情，白昼到黑夜的时间也不过是一眨眼的工夫。

我们留不住昨天，就只能拼命珍惜今天以及往后的每一天。或许那是对生命最后的尊重，也是对自己最好的尊重。

毕竟那些时间都是自己的，不是别人的。

"飞毛腿"工作之后还是会跑步，但速度变得比往常慢了，不是他不与时间赛跑了，而是他与时间赛跑的决心愈发强烈了。

因为他一刻都不想停，他似乎想要超越马路上的车辆，街边永驻的建筑，前方没有见过的未知数和那一切他想要拼命到达和停留的地方。